3 ●第 5 页

4 ●第 6 页

5 ●第 7 页

6 ●第 8 页

7 ●第 9 页

13 ●第 15 页

14 ●第 16 页

15、16 ●第 17 页

•极尽色彩魅力的段线织物

17 ●第 19 页

18 ●第 20 页

•暖暖的开衫和小物件

25 ●第 27 页

26 ●第 28 页

27 ●第 29 页

28 ●第 30 页

29a、b ●第 31 页

34b ●第 37 页

35 ●第 38 页

36 ●第 39 页

本书使用线一览………第 40 页
作品的编织方法………第 41 页

成熟优雅的针织衫

就要和夏日说再见了，
更迷人的季节即将到来。
品味高雅的珍珠项链，
搭配至美粉色和沉稳米色，
尽情享受心仪的色彩。

1

套头衫

狗牙针打造出的边缘编织，既可爱又动感十足，让整件衣服充满了浪漫的幻想。
含真丝、羊毛的线光泽很好，与此款套头衫的设计搭配得恰到好处。

作品设计 / 原田千惠子
使用线 /Ski Merino Silk
*编织方法 第 41 页

方领开衫

花瓣般的立体钩织图案与
扁平下针的完美结合。
稍微花费点心思就能打造
出的经典款开衫。

作品设计 / 河合真弓
制作 / 关谷幸子
使用线 /Ski Merino Silk
＊编织方法 第 48 页

2

V 领开衫

百褶裙的线条流畅多变，更适合搭配精致的开衫。
V 形领口清爽干练，狗牙针花边更增添了华美感。

作品设计 / 矢野康子
制作 / 坂本令子
使用线 /Ski Mooya
＊编织方法　第 44 页

3

V领套头衫

硬朗炫酷的迷彩图案，用马海毛线的蓬松质感诠释。用柔和的色彩打造成熟优雅的针织衫。

作品设计 /Tamura Kanae
使用线 /Ski Merino Silk
Ski Premium Mohair

*编织方法　第 45 页

5

风尾花套头衫

精致的凤尾花花样在胸口处换成下针编织，打造出有质感的针织衫。轻巧的材料，勾勒出完美的身形。

作品设计 / 森冈惠美
使用线 /Ski Mooya
*编织方法　第 50 页

半圆形披肩

菠萝图案的超大的半圆形披肩，
将肩部温暖地包裹起来。
马海毛与含麻羊毛的同色系毛线，
搭配得恰到好处。

作品设计 / 木之下 薰
使用线 /Ski Premium Mohair　Ski 风花
*编织方法　第 52 页

帽子和手暖

使用柔软的材料钩织而成的渐变色帽子、手暖。
有了这些可爱的暖暖小物，寒冷的冬日也能安然度过！

作品设计 / 木之下 薰
使用线 /Ski Premium Mohair
＊编织方法 第 54 页

韵味十足的轻奢针织衫

日常搭配中非常实用的针织衫。只要在选材和细节上花费点心思，就能让整体造型时尚感升级。
同获温暖和时尚感，何乐而不为？

8

落肩袖背心

交替使用麻花针和上针编织，
打造出最具保暖效果的背心。
休闲感中不乏优雅的色调搭配，
是一款时尚感极强的背心。

作品设计 /Fujiwara Kikuko
使用线 /Ski Effect
＊编织方法 第 58 页

蜂窝花样背心

使用简单的技巧就能完成
的蜂窝花样的简洁背心。
毛线的上品质感和纯正的
颜色，让背心熠熠生辉。

作品设计 /Tamura Kanae
使用线 /Ski Twin Merino
*编织方法　第 51 页

9

镂空花样背心

多种镂空花样组合在一起，打造完美精致背心。搭配白衬衫使整体造型时尚干练。胸前运用引返编织，使肩部连接胸前的线条平顺圆滑。

作品设计 /Plus One Addition
使用线 /Ski Mooya
*编织方法 第 55 页

10

横条纹背心

华美的段染马海毛毛线，搭配光泽度十足的花式纱线编织出的横条纹花样具有十足的张弛感。是一款颜色鲜艳的保暖背心。

作品设计 / 河合真弓
制作 / 羽生明子
使用线 /Ski Kiraria
Ski World Selection Peggy
*编织方法　第 60 页

11

树叶花样套头衫

前、后身片的形状相同，从领口起针，同时加针编织身片和袖子。树叶形镂空花样明快清爽，宛如花瓣的边缘编织，增添了整体的华美感。

作品设计 / 河合正子
制作 / 河合手编研究会
使用线 /Ski Merino Silk
*编织方法　第 61 页

12

微喇修身背心

此款背心采用律动感十足的抽象树叶图案，在下摆和领口巧妙地增加了细节处理。微喇的下摆使上身效果满分。

作品设计 /Plus One Addition
使用线 /Ski Twin Merino
＊编织方法 第 65 页

13

14

别致的蝙蝠袖套头衫

使用具有蓬松感的粗毛线，梯形前身片和长方形后身片连接，打造出独特的蝙蝠衫。在接合的凸起图案上也做了特别的设计，正、反面可以穿出不同效果。

作品设计 /SKI 企划室
使用线 /Ski World Selection Blanco
*编织方法　第 64 页

两用发带

可爱的珊瑚粉色发带，在引返编织的方格图案中点缀着枣形针打造的花朵。还可以用作围脖，两种戴法，超方便！

作品设计 / 木之下 薰
使用线 /Ski Sonata
*编织方法 第 63 页

15

冬日暖帽

一直延续到帽顶的树叶图案，搭配镂空花样，更显柔和，是冬日里不可或缺的一款帽子。
用 2 团毛线织成，适合当作礼物赠人。

作品设计 / 久松幸子
使用线 /Ski Twin Merino
*编织方法 第 72 页

16

极尽色彩魅力的段染线织物

冬日里少不了深色系的穿搭。
那么，在手编织物时就精心
选择自己喜爱的漂亮颜色吧！

背心和短裙

用两种颜色的线，利用钩针的引拔针织成棋盘格图案，然后用下针编织简单处理。时尚的短裙也有御寒效果哟!

17

作品设计 / 小野琇未
使用线 /Ski Effect
*编织方法 第 68 页

连肩袖套头衫

用长间距段染线将育克和袖子编织成横条纹，身片编织成竖条纹。无规则横条纹花样将这款套头衫的魅力表现得淋漓尽致。

略带弹力的A字形线条，适合各种身材的人穿着。

作品设计 / 矢野康子
制作 / 长谷川千代子
使用线 /Ski Clement
*编织方法　第 70 页

18

横向编织的短袖衫

从袖口开始横向编织，领子和下摆为无缝连接，蓝色渐变效果的竖条纹花样精美漂亮。保暖性也超强呢！

19

作品设计 / 森冈惠美
使用线 /Ski World Selection Fano
*编织方法 第 74 页

南美风披肩

采用横向编织，领口部分空出四边形。
在肋部用纽扣固定。
摇曳的流苏增添了整件作品的韵味，
颇具复古感。

作品设计 / 林 久仁子
使用线 /Ski Clement
*编织方法　第 76 页

20

花漾背心和花饰短围巾

这款 6 瓣花片连接组合的可爱背心，是利用了精段染毛线的变化性完成的作品，色彩跳跃性很强。

在罗纹针编织的迷你短围巾两端装饰花片，点缀在胸前非常雅致。

作品设计 / 多原纪子
使用线 /Ski Clement
＊编织方法 第 78 页

21

22

彩虹色背心

鲜艳的混色段染线打造出的渐变效果，格外吸引眼球的图案动感十足！
A字形宽松款，时尚漂亮，实用百搭。

作品设计 / 林 久仁子
使用线 /Ski World Selection Peggy
*编织方法 第 80 页

风车形帽子

风车形状是由 4 片起伏针编织完成的织片连接而成。
双色段染线，让整款帽子的颜色一下子丰富起来。

作品设计 /SKI 企划室
使用线 /Ski World Selection Peggy
*编织方法 第 72 页

23

24

束发带

利用下针编织完成长长的织片，
连接成环，
从单侧用另色线挑针编织几圈，
简单的束发带就完成了。
很适合作为小饰物使用。

作品设计 /SKI 企划室
使用线 /Ski Linea
*编织方法 第 73 页

暖暖的开衫
和小物件

毛线的柔软质感使得毛衫更适合
在萧瑟的季节穿着。
在寒冷的冬日时节，一起来制作
美丽的手编作品吧！

25

条纹花样开衫

使用了3种优雅颜色巧妙搭配，是颇具厚重感的一款针织开衫。
平面和凹凸交叉的网格尽显手编的趣味！

作品设计 / 横川佐智子
使用线 /Ski Twin Merino
*编织方法　第 86 页

单粒扣开衫

活灵活现的树叶图案是整款开衫的亮点。领口一颗纽扣的俏皮设计时尚漂亮，给秋日的出行增添了一抹亮色。

美利奴羊毛线质地柔软且保暖性好，穿着格外舒适。

26

作品设计 / 武田敦子
制作 / 亚砂子
使用线 /Ski Twin Merino
*编织方法　第 82 页

青果领开衫

27

采用传统的阿兰花样作为此款开衫的主体图案，袖子的条纹图案魅力十足。
青果领设计的开衫并没有想象中的厚重不适，轻松陪你度过这个漫长的季节。

作品设计 / 岸 睦子
使用线 /Ski Mooya
*编织方法　第 88 页

大方领开衫

插肩袖宽松开衫，沉稳的段染色打造的阿兰花样，给人留下深沉稳重的印象。

28

作品设计 / 岸 睦子
使用线 /Ski Clement
＊编织方法　第 90 页

几何图案帽子和围巾

暖暖的帽子和围巾组合。优雅的双色打造出摩登几何图案。
滑针编织打造出织物的厚厚质地，使用羊驼混纺毛线既轻巧又柔软。

作品设计 /Plus One Addition
使用线 /Ski World Selection Bluno
*编织方法 a、b　第 84 页

直编式开衫

领口精致漂亮的长款直版开衫。
无论是居家还是外出，
都可以穿出不同的感觉。

作品设计 / 冈真理子
制作 / 安河内奈美子
使用线 /Ski 风花
*编织方法　第 83 页

束发带或帽子

用马海毛线和麻线混纺线编织筒状织片。
将中心部分抽紧可以当作帽子使用，对折又可以作为束发带使用，乐趣多多。

作品设计 / 木之下 薰
使用线 /Ski 风花 Ski Premium Mohair
*编织方法 第 92 页

春日里最耀眼的外搭

使用清爽质感的织线编织的织物，可以从初秋一直穿到春日。轻巧的设计最适合有趣的层搭穿法。

搭袖套头衫

清晰的钻石图案时尚感十足，独具新鲜感的搭袖套头衫。
加入金线的混纺线具有上乘质感，完美演绎成熟的休闲造型。

作品设计 /Fukiko
使用线 /Ski Lyra
＊ 编织方法 第 94 页

连袖式披肩

采用蕾丝编织法，并使用加入金线的毛线，边缘的花边造型增加了浪漫气息。让日常造型轻松升级。
放入收纳袋，旅行随身携带也十分方便。

作品设计 / 矢野康子
使用线 /Ski Kiraria
＊编织方法 第 93 页

33

34a

大网眼背心

运用枣形针和锁针链编织出网眼针长下摆背心，精致漂亮。
使用加入了金线的混纺线，提升了时尚感，选择自己喜爱的颜色，穿出成熟魅力。

作品设计 /MiCHi
使用线 /Ski Kiraria
＊编织方法 第 96 页

34b

直编式连袖开衫

全部使用直线镂空花样编织出的几何图案蕾丝开衫，时尚感超强。
优雅的混纺金线材质，营造出十足的秋日气息。

作品设计 / 武田敦子
制作 / 饭塚静代
使用线 /Ski Lyra
*编织方法　第 98 页

35

迷你外搭

18 片大大的圆形花样拼接出的迷人短外搭。简单套在衣服外面，即刻提升时尚度。

作品设计 /SKI 企划室
使用线 /Ski 风花
*编织方法　第 100 页

本书使用线一览

*图片为实物粗细。

毛线名称	成分	颜色数	规格	线长	粗细	使用棒针的号数（钩针的号数）	下针编织标准密度
1 Ski Merino Silk	羊毛 60% （使用安哥拉山羊毛） 真丝 40%	12 色	30g/ 团	约 113m	中粗	4～6号 4/0~6/0 号	22~24 针 32~34 行
2 Ski Twin Merino	羊毛 100% （使用安哥拉山羊毛 70%）	15 色	40g/ 团	约 75m	粗	6～8号 6/0、7/0 号	17~19 针 23~25 行
3 Ski Mooya	腈纶 75% 尼龙 13% 羊毛 12%	9 色	30g/ 团	约 103m	中粗	5～7号 6/0、7/0 号	18~20 针 25~28 行
4 Ski Lyra	人造纤维 43% 腈纶 27% 尼龙 16% 涤纶 8% 羊毛 6%	8 色	30g/ 团	约 93m	中粗	5～7号 5/0~7/0 号	18~20 针 25、26 行
5 Ski Clement	羊毛 100%	10 色	30g/ 团	约 103m	中粗	6～8号 5/0、6/0 号	18~20 针 25~28 行
6 Ski Effect	羊毛 100%	11 色	30g/ 团	约 112m	中粗	4～6号 4/0~6/0 号	22~25 针 32~34 行
7 Ski Linea	羊毛 83% 尼龙 17%	10 色	40g/ 团	约 112m	中粗	6～8号 4/0~6/0 号	19、20 针 28、29 行
8 Ski Kiraria	腈纶 36% 涤纶 33% 尼龙 22% 羊毛 9%	8 色	30g/ 团	约 79m	中粗	5～7号 5/0、6/0 号	18、19 针 24~27 行
9 Ski Premium Mohair	马海毛 70% 尼龙 30%	20 色	20g/ 团	约 225m	极细	2～4号 2/0、3/0 号	23~25 针 41~45 行
10 Ski 风花	羊毛 60% 麻（亚麻）20% 麻（苎麻）20%	11 色	30g/ 团	约 114m	中细	3～5号 4/0、5/0 号	24~27 针 31~35 行
11 Ski Sonata	羊毛 100%	19 色	40g/ 团	约 120m	中粗	3～5号 3/0、4/0 号	21~23 针 26~28 行
12 Ski World Selection Blanco（意大利制）	羊毛 47% 腈纶 45% 尼龙 8%	8 色	50g/ 团	约 60m	超粗	15 号～8 mm 7、8mm	9、10 针 14~16 行
13 Ski World Selection Fano（意大利制）	羊毛 47% 腈纶 47% 人造纤维 6%	8 色	40g/ 团	约 96m	粗	7～9号 7/0、8/0 号	15~17 针 22、23 行
14 Ski World Selection Peggy（意大利制）	马海毛 54% 羊毛 24% 尼龙 22%	7 色	25g/ 团	约 72m	中粗	8~10 号 7/0、8/0 号	13、14 针 17、18 行
15 Ski World Selection Bluno（意大利制）	腈纶 60% 羊驼毛 20% 羊毛 20%	20 色	40g/ 团	约 72m	粗	8~10 号 7.5/0~9/0 号	13、14 针 20~22 行

●线的粗细是比较粗略的表述，下针编织标准密度是厂家提供数据。

1

第2页

作品的编织方法

●**材料** Ski Merino Silk（中粗）浅粉红色（2604）360g/12团、直径1.2cm的纽扣 3颗

●**工具** 钩针6/0号、5/0号、4/0号

●**成品尺寸** 胸围 94cm 肩宽 35cm 衣长 56cm 袖长 53cm

●**编织密度** 10cm×10cm面积内：编织花样A 29针，10.5行

●**编织要点** 身片、袖子和罗纹绳的起针，挑起锁针头部的2根线编织。参照图1~5做编织花样A。编织花样中3针锁针的狗牙拉针大小尽量保持一致。在罗纹绳编织起针的剩余2根线上挑针做编织花样B完成下摆和袖口，袖口处注意调整编织密度。前、后肩部用引拔针的锁针接合，胁部用引拔针的锁针接合。领子的后面有开口设计，所以将后面的中间位置作为编织起点，往返做编织花样C。编织1行短针作为领子开口处的边缘，同时制作纽襻。用引拔针的锁针将袖子缝合到身片上。

→编织花样图见第42页
领子见第47页

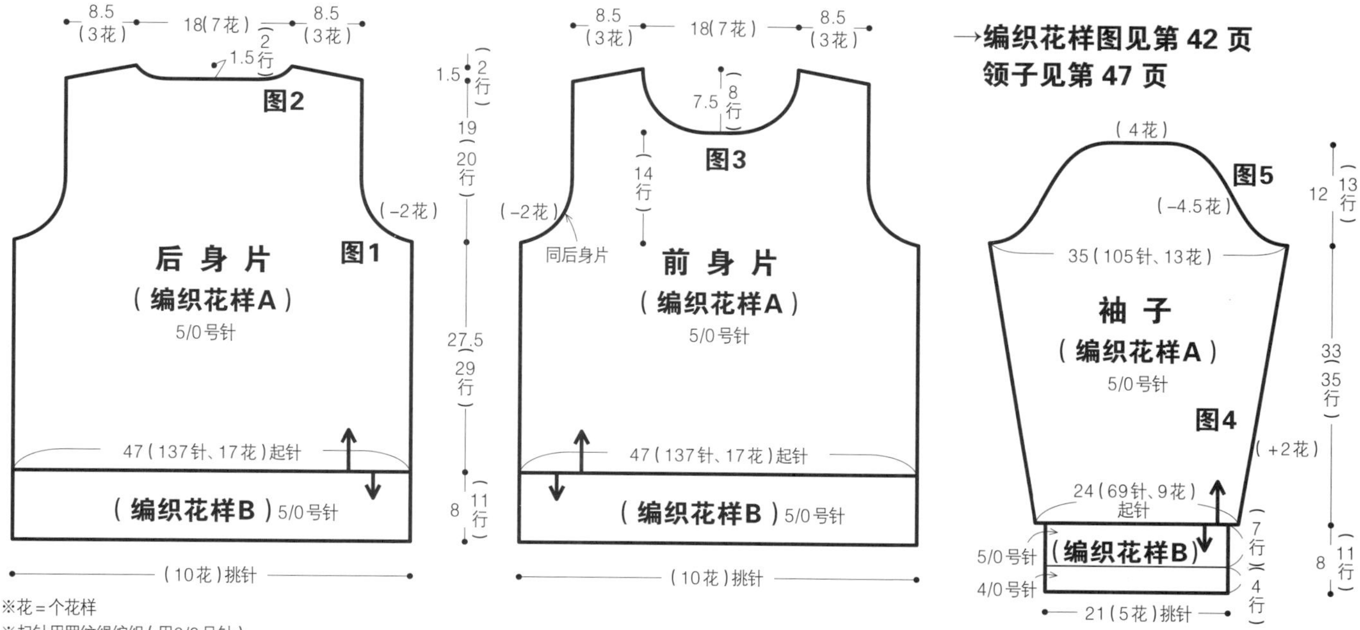

※花＝个花样

※起针用罗纹绳编织（用6/0号针）编织方法见第42页

编织花样B

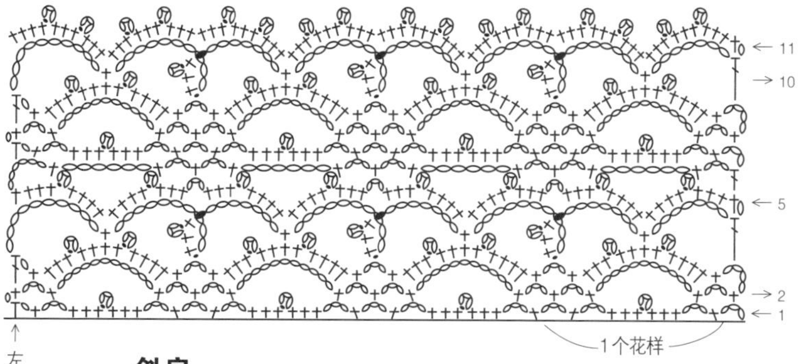

编织花样B第4行的编织方法

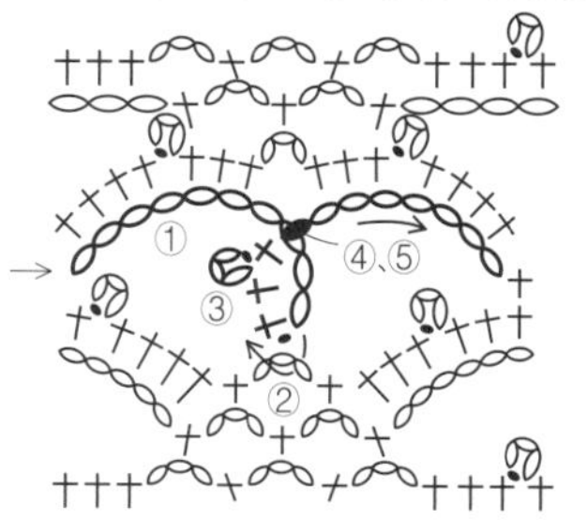

①钩织10针锁针。
②将针取下，从正面整段挑起上一行3针锁针引拔固定。
③在锁针链上钩织2针短针、狗牙针和1针短针。
④将针取下，翻转织片，在③的对侧入针。
⑤用引拔针收针，钩织7针锁针。

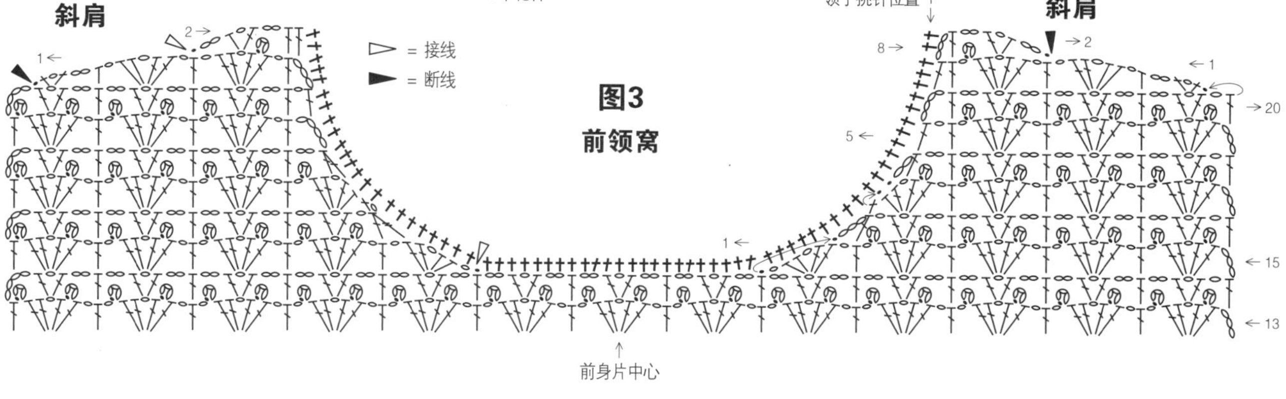

图2 后领窝

图1 袖窿

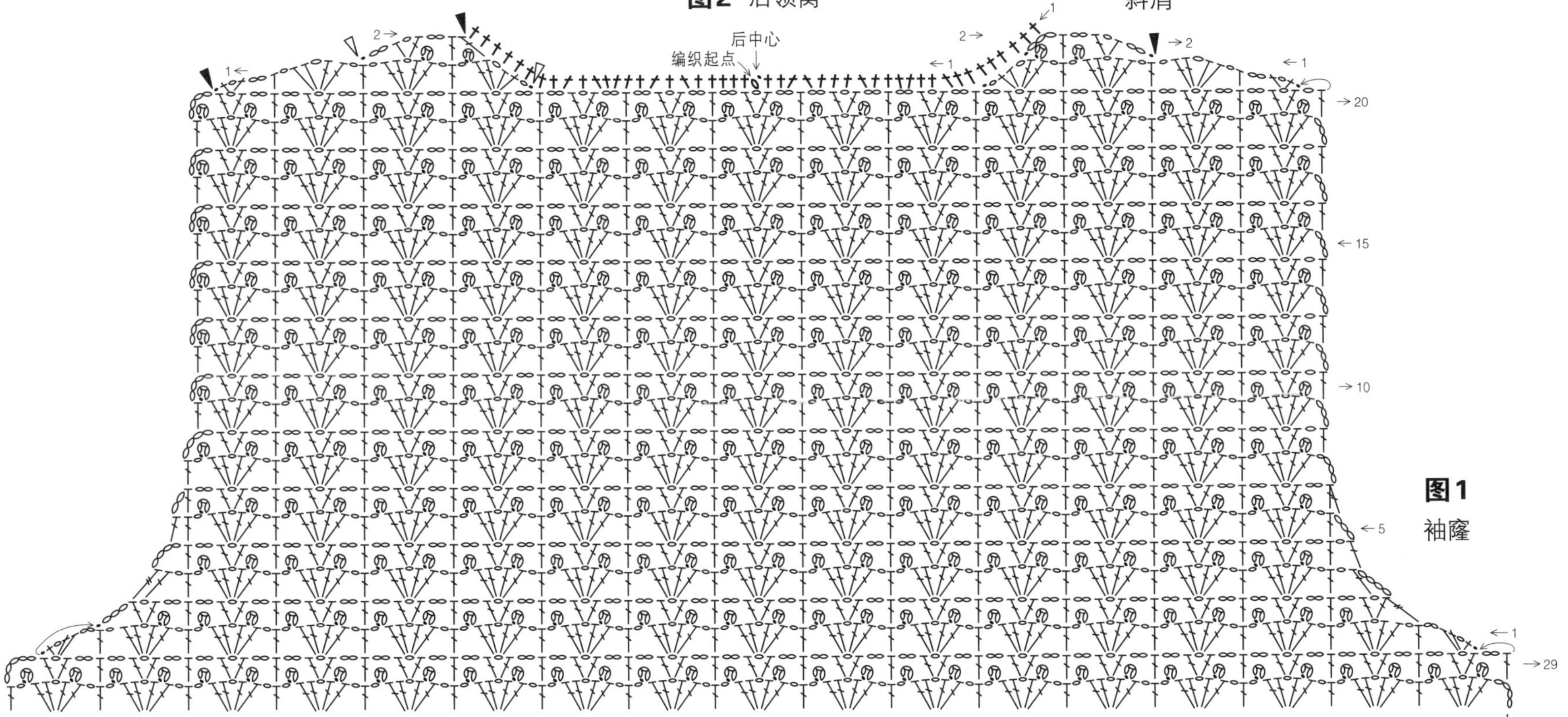

编织花样A

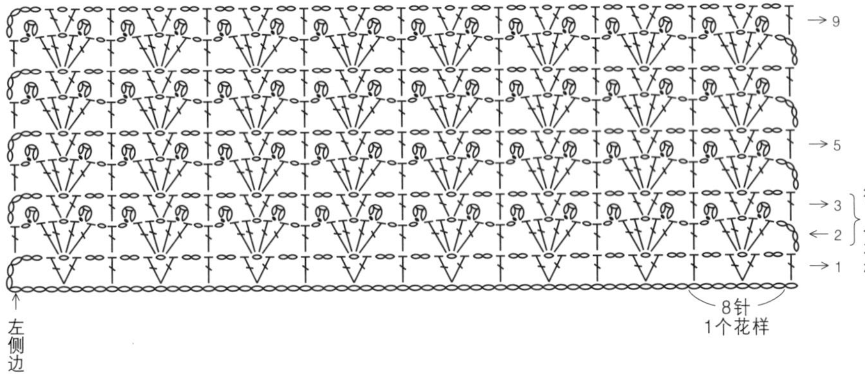

罗纹绳

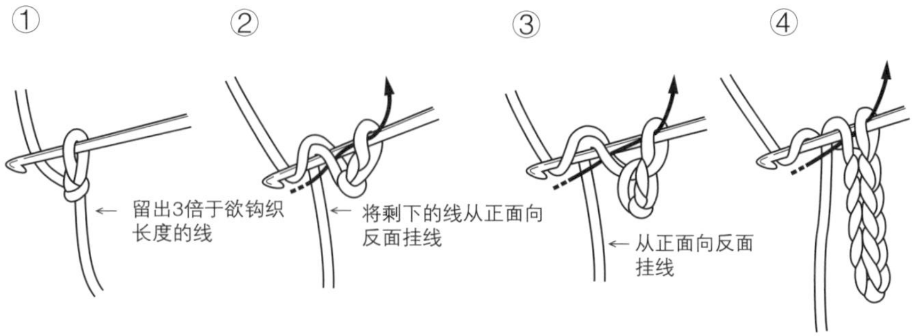

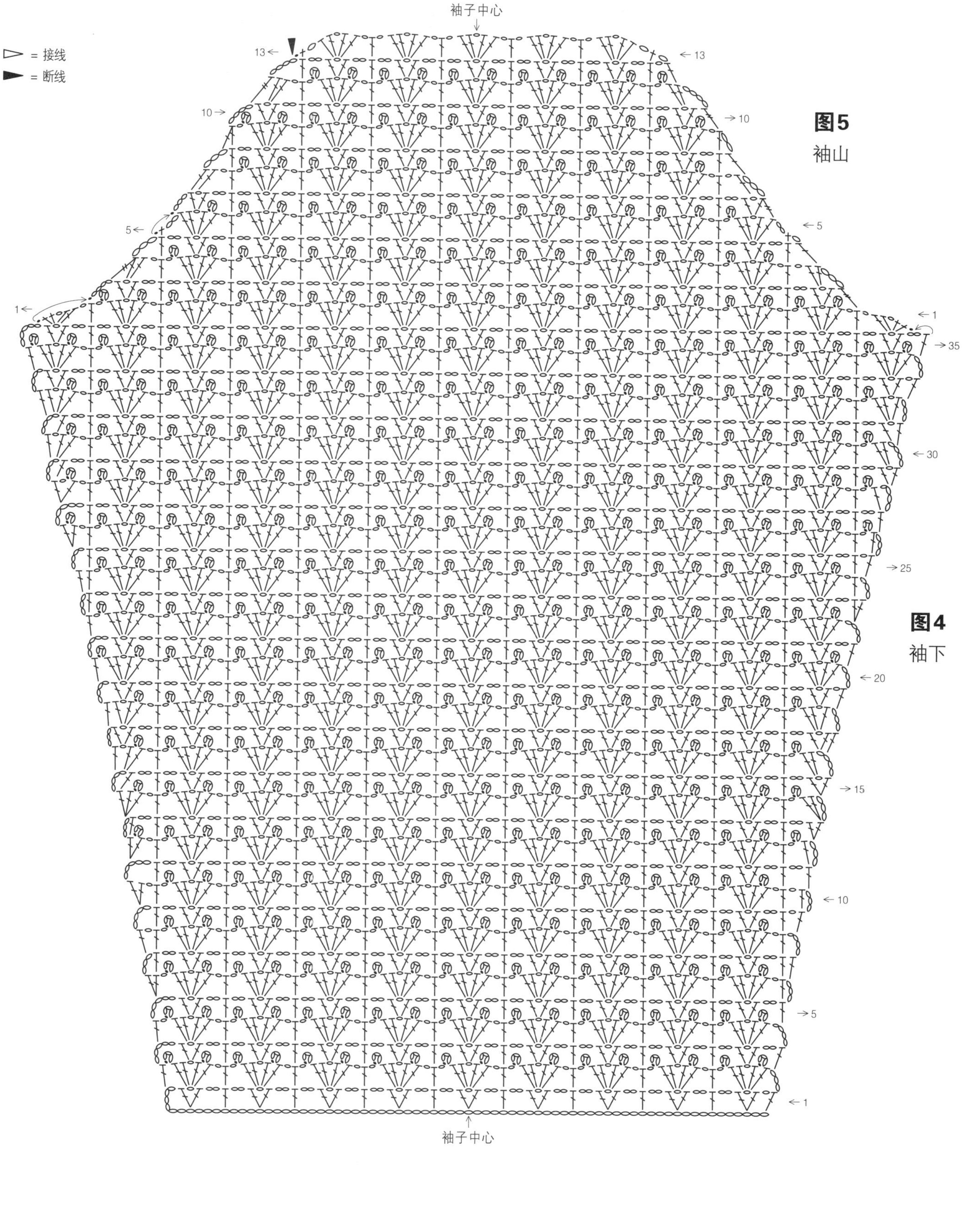

图5
袖山

图4
袖下

3

第 5 页

●**材料** Ski Mooya（中粗）浅粉红色系（2902）265g/9 团、直径 1.5cm 的纽扣 4 颗

●**工具** 棒针 6 号 钩针 6/0 号

●**成品尺寸** 胸围 101.5cm 肩宽 36cm 衣长 55cm 袖长 53.5cm

●**编织密度** 10cm×10cm 面积内：编织花样 A 19.5 针，29.5 行；编织花样 B 18.5 针，29 行

●**编织要点** 身片共线锁针起针，下摆编织起伏针，继续做编织花样A，并参照图示分散减针。腰的部分采用均匀减针做编织花样B。胁部的加针在侧边1针内侧做扭针加针。前领口的减针在侧边1针内侧减针。其他部分2针以上时做伏针减针，1针时立起侧边1针减针。斜肩继续做引返编织。袖子用手指挂线起针法起针，做编织花样B。袖下在侧边1针内侧做扭针加针。肩部引拔接合，胁部与袖下挑针接合。袖口编织成环形，领子及前门襟往返编织边缘编织，右前门襟留出扣眼。用引拔针将袖子接合到身片上。

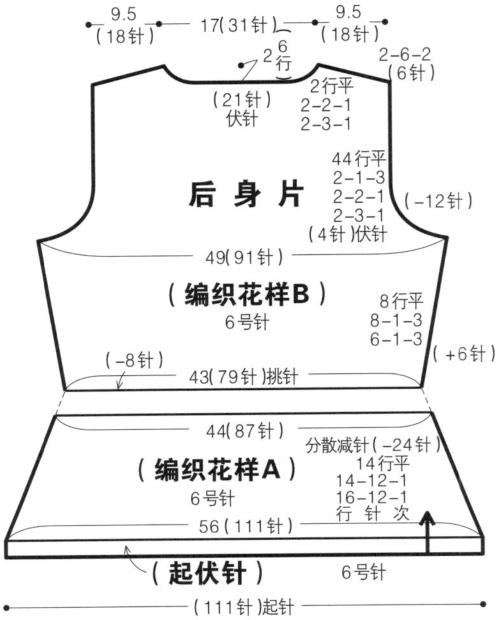

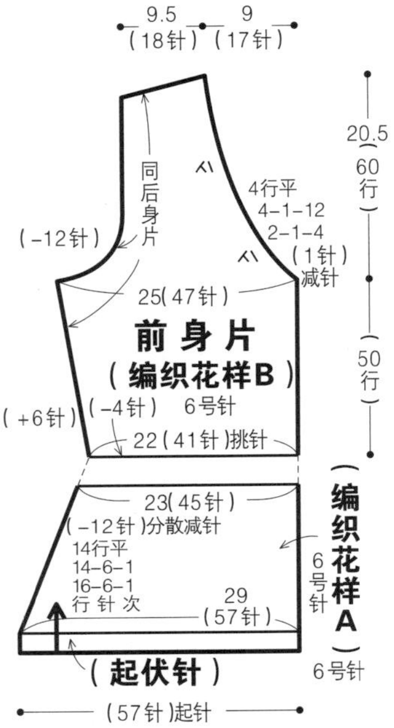

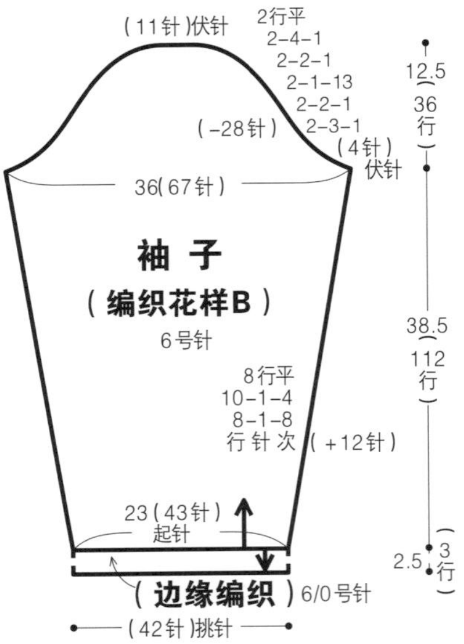

领子、前门襟（边缘编织）

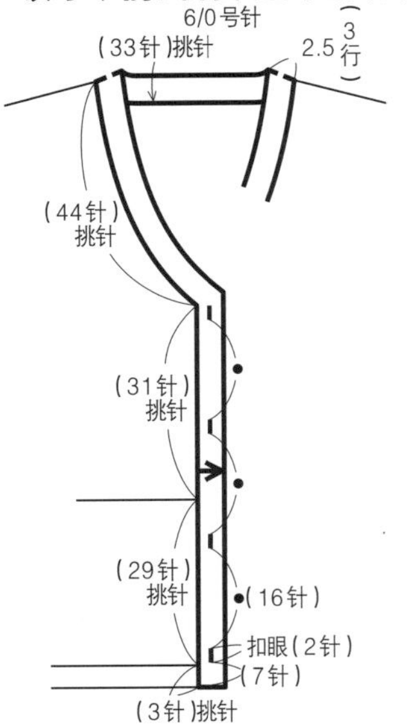

边缘编织（袖口）

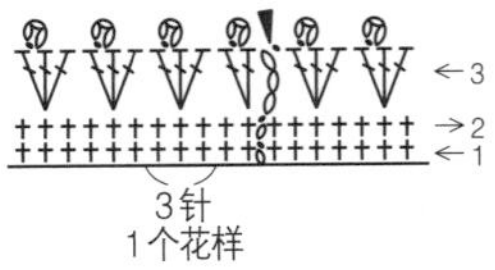

边缘编织 扣眼（右前门襟）

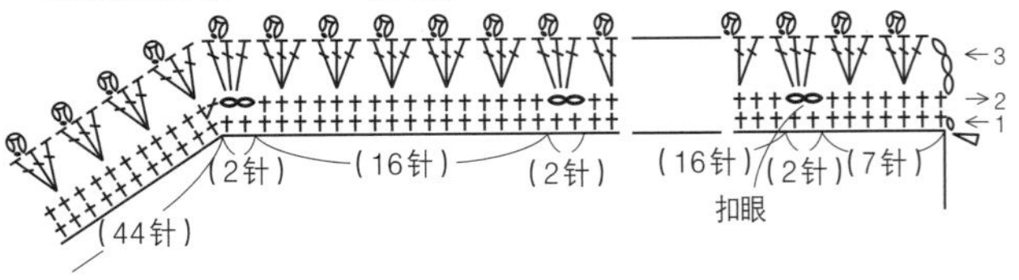

→编织花样图见第 48、49 页

4

第 6 页

●**材料** Ski Merino Silk（中粗）浅米灰色（2603）150g/5 团、浅紫红色（2608）50g/2 团、原白色（2601）30g/1 团、蓝紫色（2607）15g/1 团

Ski Premium Mohair（极细）浅灰色（118）90g/5 团、深灰色（119）10g/1 团

●**工具** 棒针 8 号、6 号

●**成品尺寸** 胸围 94cm 肩宽 34cm 衣长 54.5cm 袖长 52cm

●**编织密度** 10cm×10cm 面积内：下针编织、配色花样同为 22 针，26 行

●**编织要点** 全部使用 Ski Merino Silk 和 Ski Premium Mohair 2 股线编织。身片、袖子分别另线锁针起针，做下针编织，编织中参照图示加入配色花样。加入配色花样时采用纵向渡线的编织方法。如需渡线过长，编织不便，横向渡线亦可。减针时做伏针减针和立起侧边 1 针减针，加针时在内侧编织扭针。下摆和袖口分别拆开另线锁针挑针，均匀减针，编织终点做单罗纹针收针。肩部引拔接合，领子环形编织单罗纹针，胁部和袖下挑针缝合。用引拔针将袖子接合到身片上。

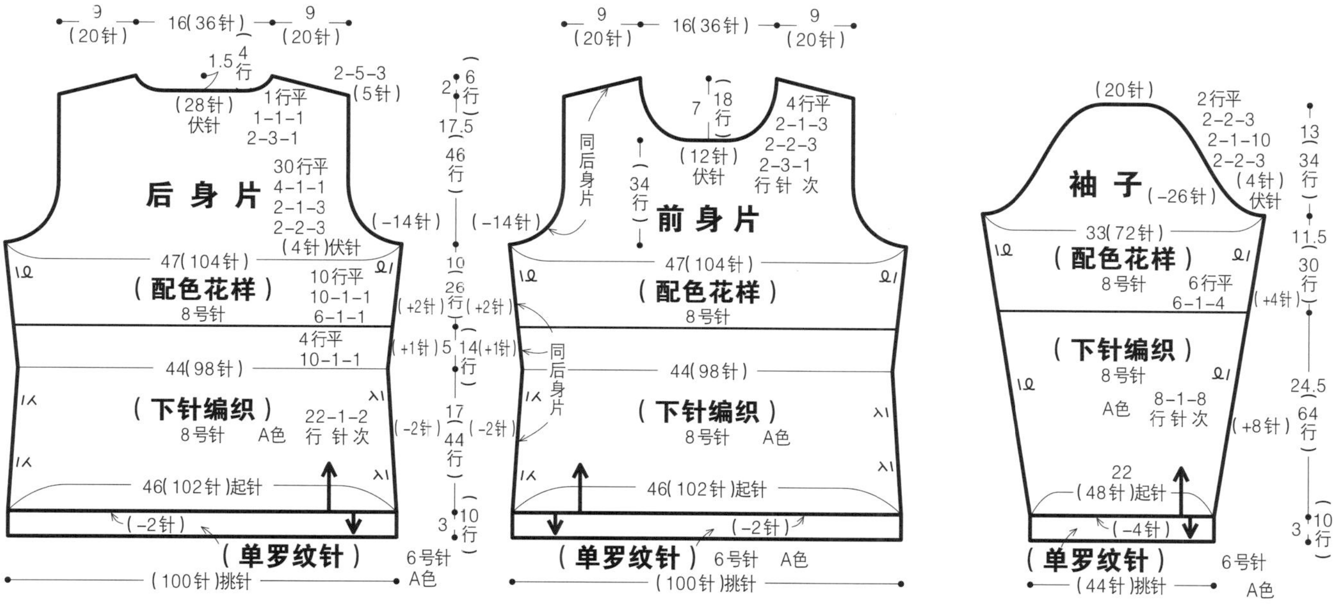

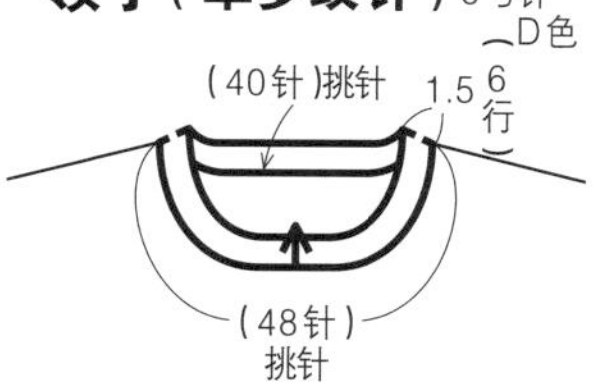

配色

	Ski Merino Silk	Ski Premium Mohair
A色	浅米灰色	浅灰色
B色	浅紫红色	浅灰色
C色	蓝紫色	深灰色
D色	原白色	浅灰色

※ Ski Merino Silk和Ski Premium Mohair各使用2股线编织

→编织花样图见第 46 页

配色

	Ski Merino Silk	Ski Premium Mohair
A色	浅米灰色	浅灰色
B色	浅紫红色	浅灰色
C色	蓝紫色	深灰色
D色	原白色	浅灰色

※ Ski Merino Silk和Ski Premium Mohair各使用2股线编织

配色花样（前、后身片）

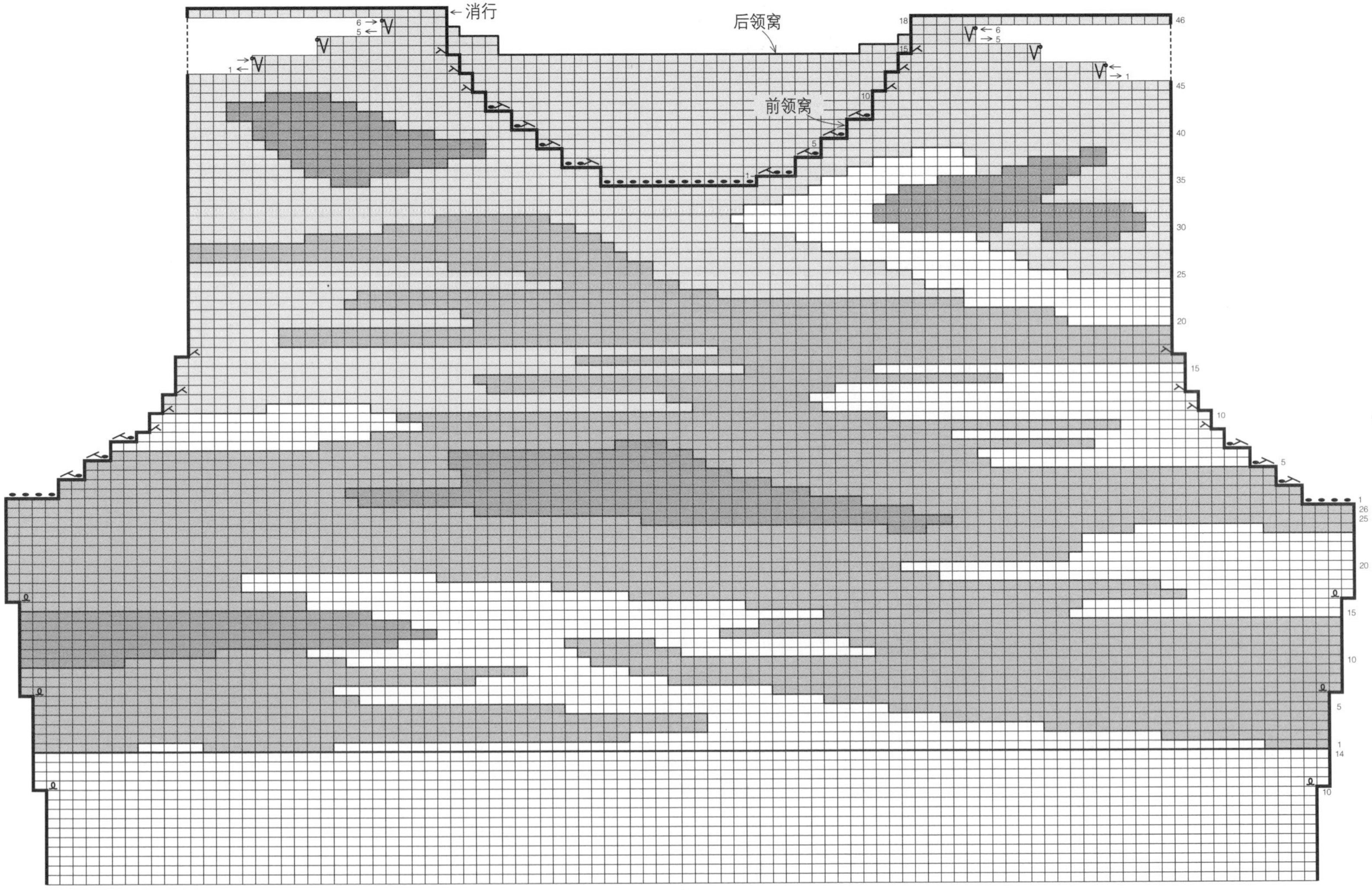

□ = 丨 下针　□ = A色　▨ = B色　■ = C色　▧ = D色

配色花样（袖子）

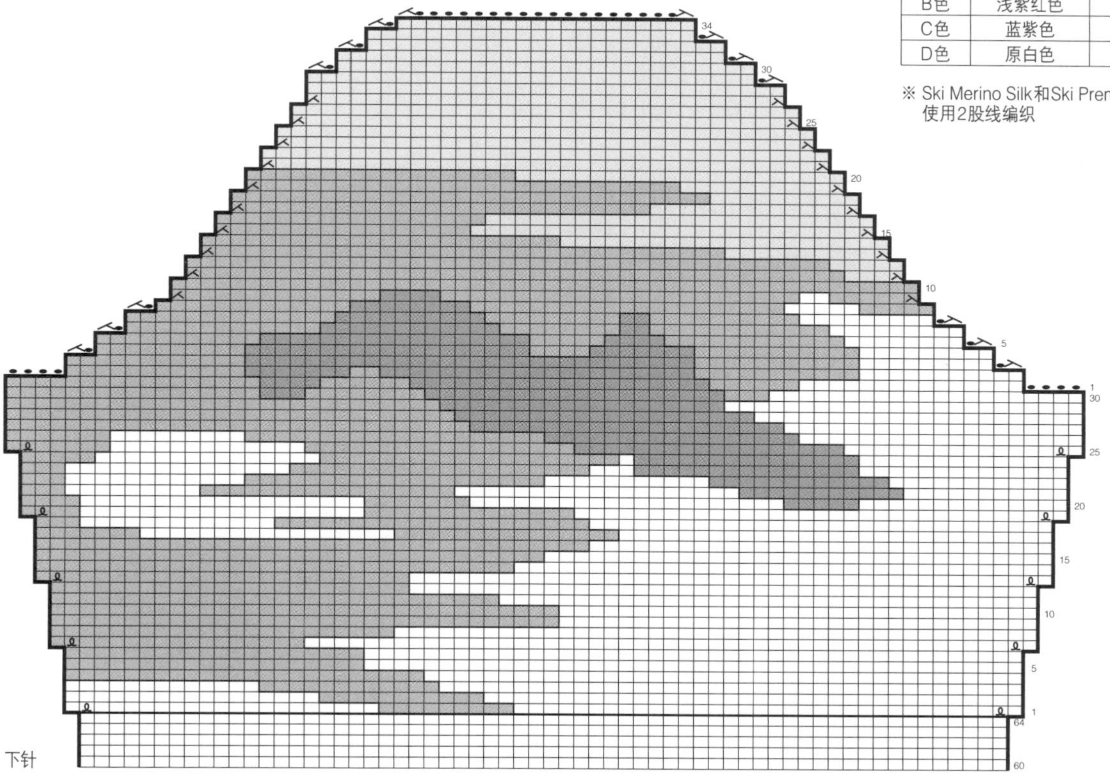

□ = | 下针

配色

	Ski Merino Silk	Ski Premium Mohair
A色	浅米灰色	浅灰色
B色	浅紫红色	浅灰色
C色	蓝紫色	深灰色
D色	原白色	浅灰色

※ Ski Merino Silk和Ski Premium Mohair各使用2股线编织

作品 1 接第 41 页

领子（编织花样C）4/0号针

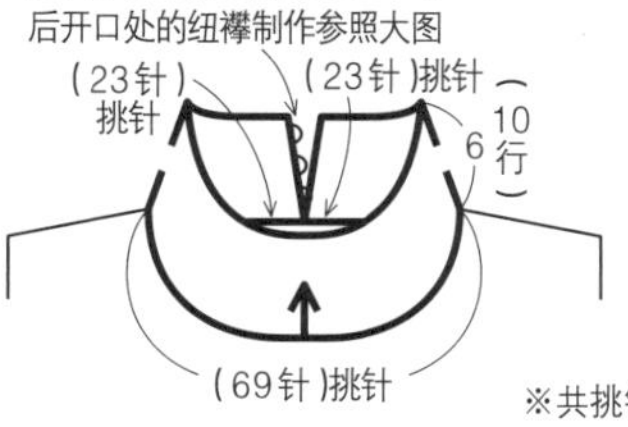

※共挑针编织9个花样

后开口处、纽襻 4/0号针

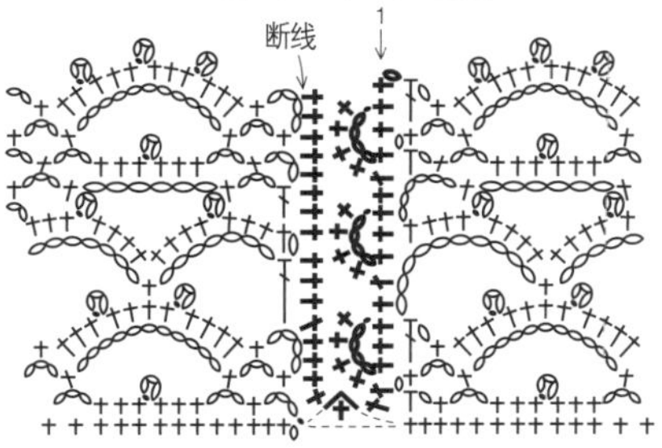

编织花样C

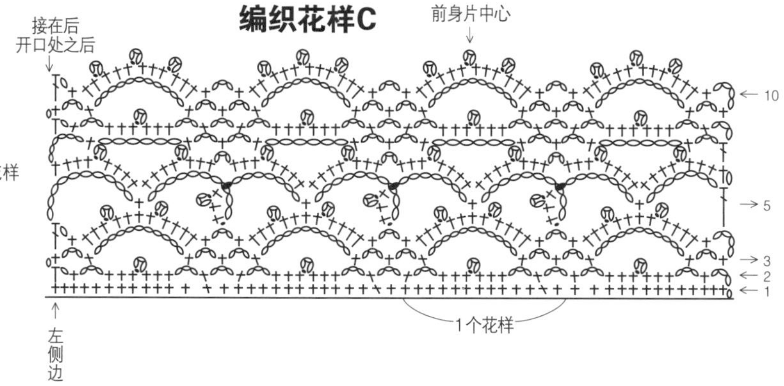

2

第 4 页

●**材料** Ski Merino Silk（中粗）豆沙色（2610）370g/13 团、直径 12mm 的纽扣 8 颗

●**工具** 棒针 4 号 钩针 5/0 号

●**成品尺寸** 胸围 98cm 肩宽 34cm 衣长 55cm 袖长 52cm

●**编织密度** 10cm×10cm 面积内：下针编织 27 针，33 行

●**花片大小** 6 cm×6 cm

●**编织要点** 先做下针编织。身片和袖子均用手指挂线起针法起针，全部编织下针。2针以上的减针做伏针减针，1针时立起侧边1针减针。袖下在侧边1针内侧做扭针加针。肩部引拔接合，胁部和袖下挑针接合。编织花片时，将线在手指上绕成环，编织第1行。第2行整段挑起编织5针长针的爆米花针。从第2个花片起到最后一行，都需要一边编织花片一边引拔连接上一个花片。身片由44个花片连接而成，将花片和下针编织的织片对齐，用短针调整，做卷针缝缝合。肩部的花片与后身片的下针编织部分做卷针缝缝合。继续编织领子、前门襟和下摆，编织4行棱针，在右前门襟上留出扣眼。两袖各编织4个花片，花片与下针编织的部分的连接方法和身片相同。用引拔针将袖子接合到身片上。

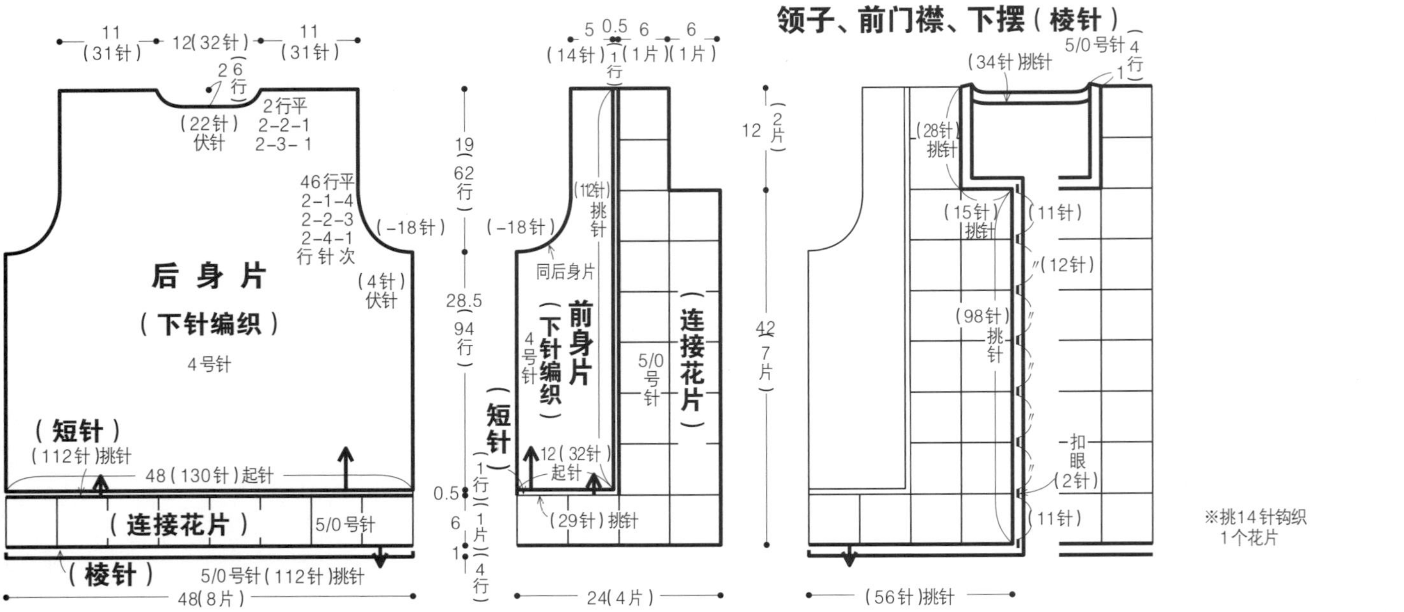

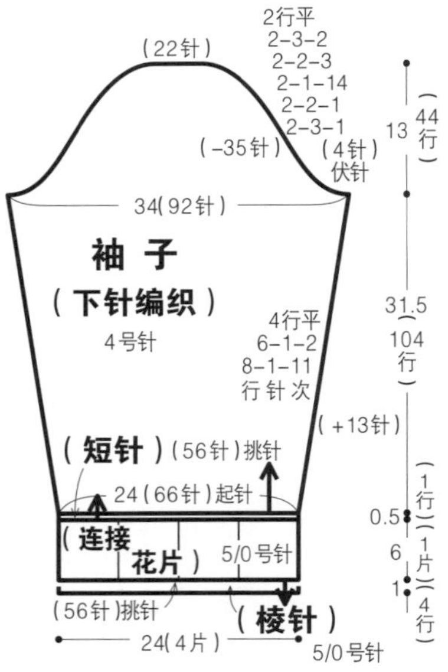

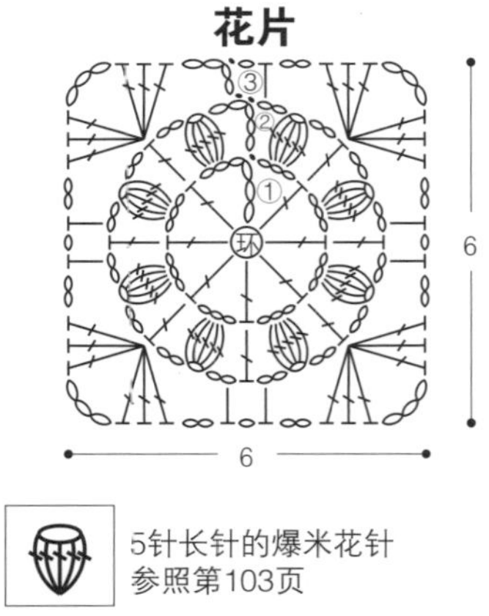

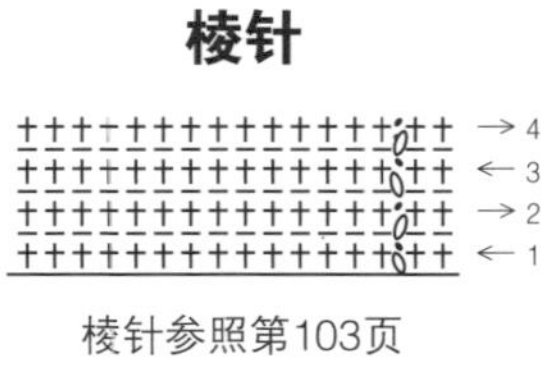

作品 3 接第 44 页

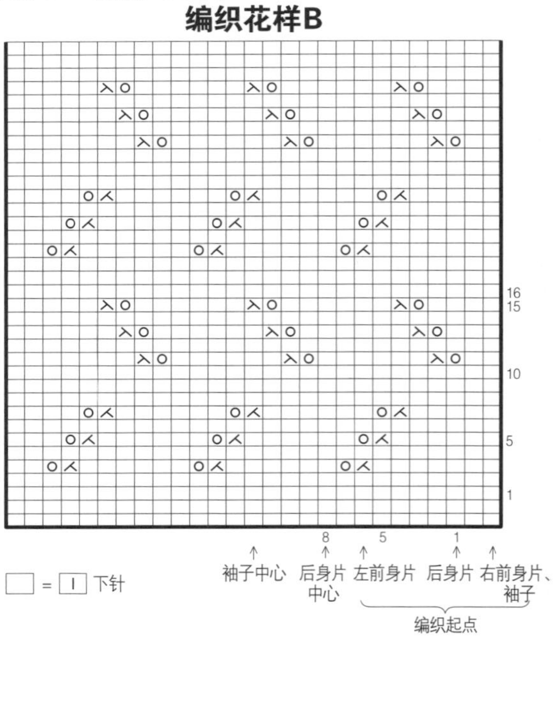

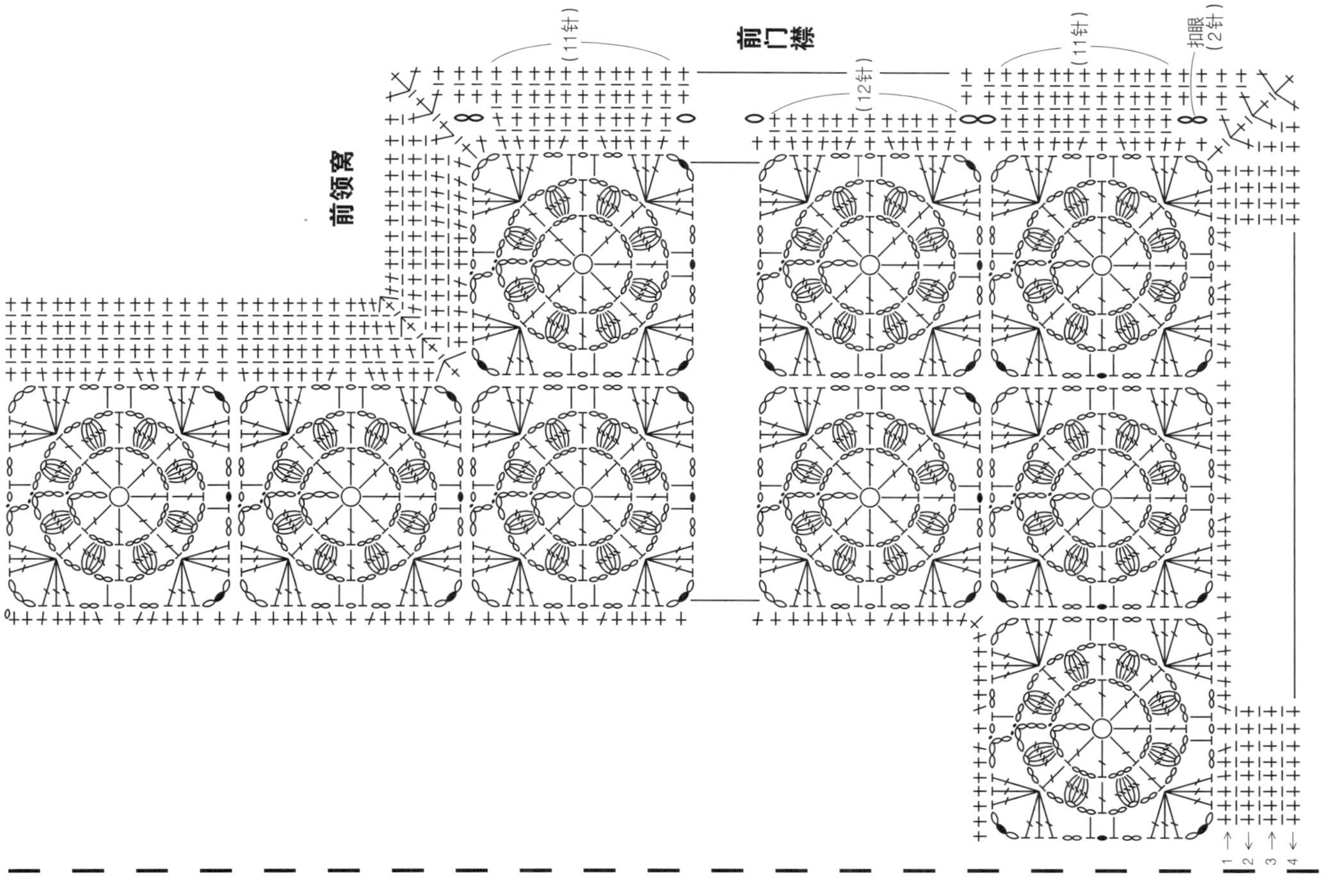

作品 3 接第 44 页

编织花样A（分散减针）

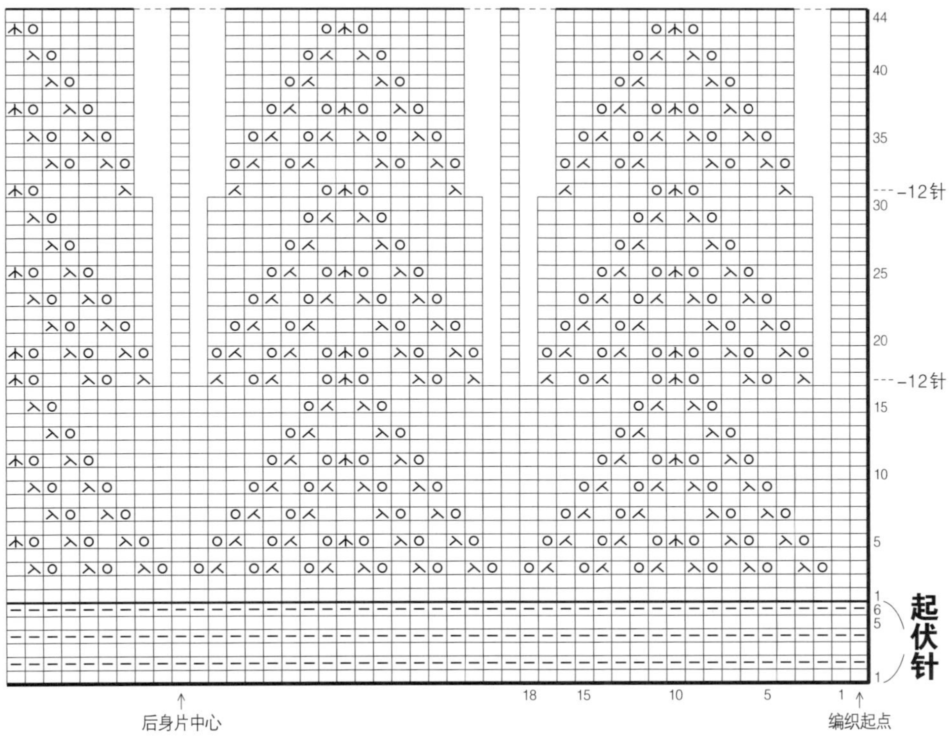

□ = 丨 下针

5

第 7 页

●材料 Ski Mooya（中粗）米色系（2901）270g/9 团

●工具 棒针 7 号、5 号

●成品尺寸 胸围 100cm 肩宽 35cm 衣长 60.5cm 袖长 50.5cm

●编织密度 10cm×10cm 面积内：下针编织 20 针，28 行；编织花样 21 针，24 行

●编织要点 身片用手指挂线起针法起针，编织起伏针，然后继续做编织花样。根据行数的不同，编织花样的总针数也发生变化。编织花样的最终行参照图示减针，继续做起伏针和下针编织。斜肩做引返编织。袖子与身片相同，编织起伏针、编织花样、起伏针、下针编织。2针以上的减针做伏针减针，1针时立起侧边1针减针。袖下在侧边1针内侧做扭针加针。肩部盖针接合。胁部和袖下挑针接合。领子连接成环，挑针做边缘编织，最后做上针的伏针收针。用引拔针将袖子接合到身片上。

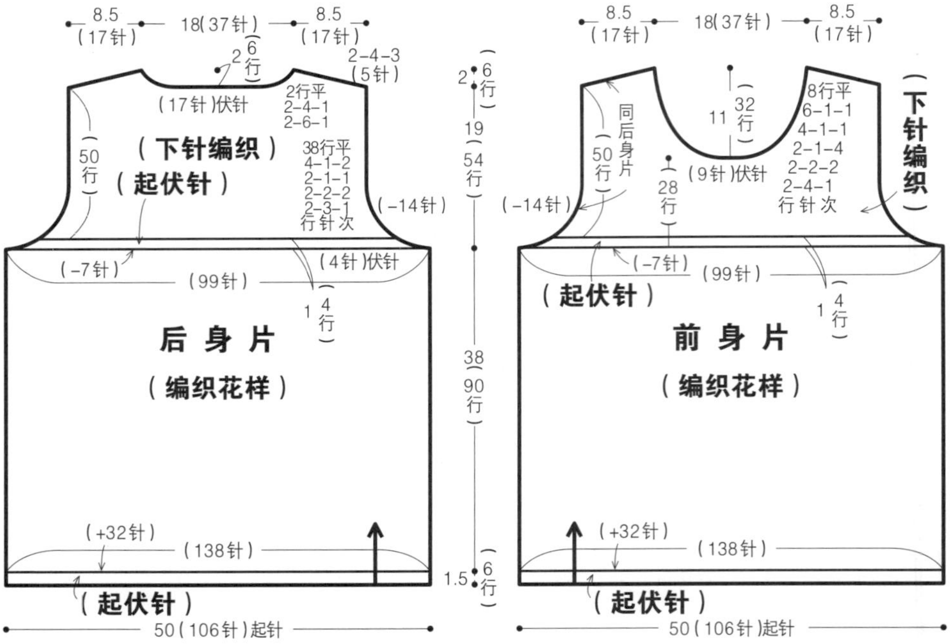

※花＝个花样
※除指定外，均使用7号针编织
※花样中心的针数改变，编织起点和终点的针数也会有差异

领子（边缘编织）5号针

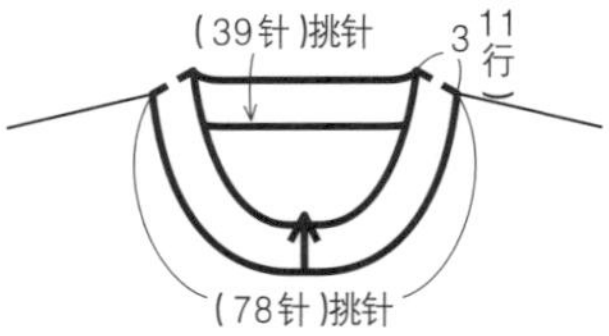

边缘编织（领子）

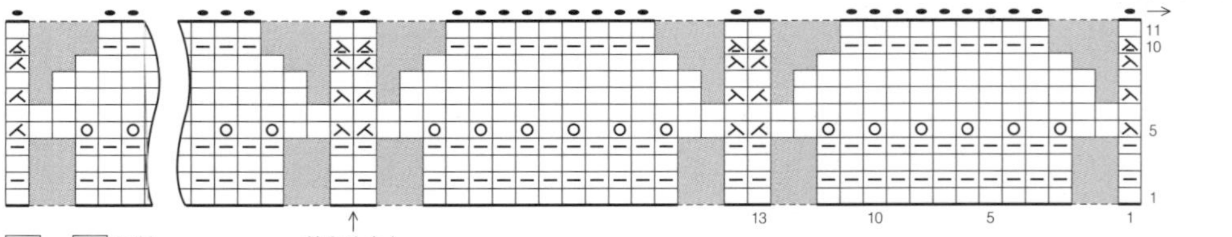

□ = 丨 下针

▒ = 无针目部分

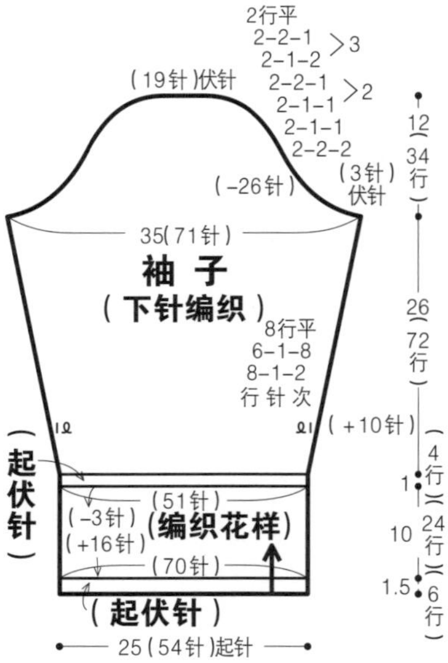

编织花样

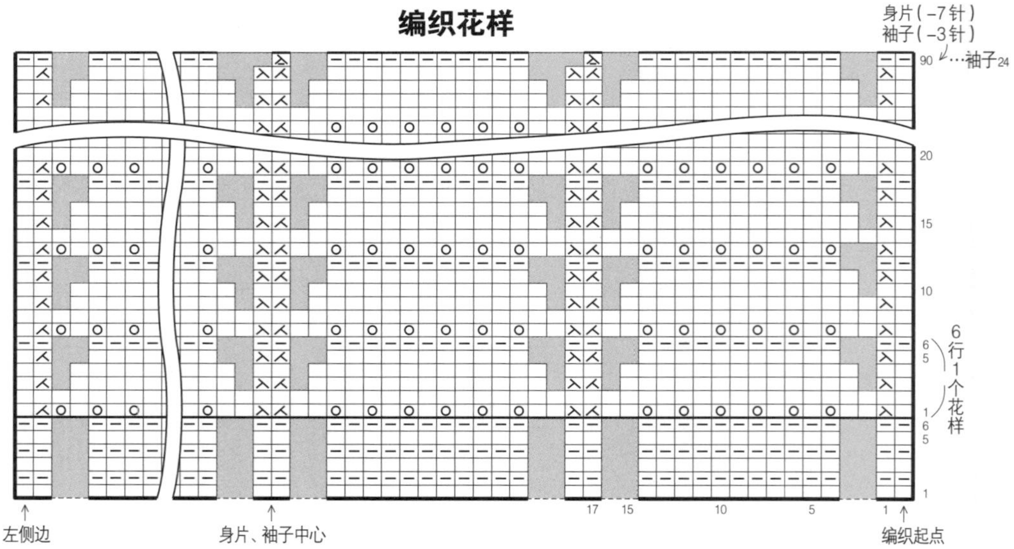

9

第 11 页

●**材料**　Ski Twin Merino（粗）米色（2803）420g/11 团

●**工具**　棒针 9 号、6 号

●**成品尺寸**　胸围 96cm　连肩袖长 24cm　衣长 52cm

●**编织密度**　10cm×10cm 面积内：编织花样 25.5 针，29 行

●**编织要点**　身片另线锁针起针，做编织花样。袖窿编织6针伏针后，继续做编织花样。领窝的减针2针以上时做伏针减针，1针时立起侧边1针减针。斜肩继续做引返编织。由于织片较厚，在编织下摆前，先用蒸汽熨斗熨烫平整。下摆拆开另线锁针挑针，均匀减针，编织起伏针，最后做伏针收针。前、后肩部正面相对对齐，引拔接合，领子编织起伏针成环形，袖口往返编织起伏针。胁部挑针接合，将袖口边缘与身片的针目与行对齐缝合。

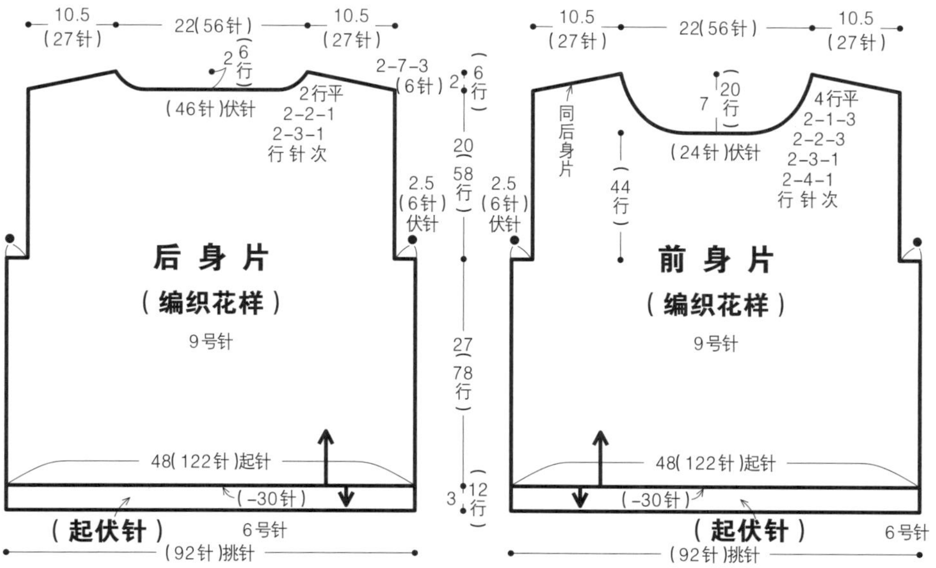

编织花样

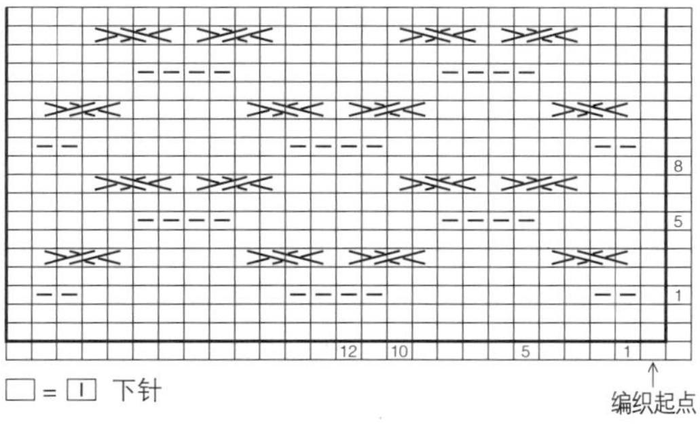

领子、袖口（起伏针）　6号针

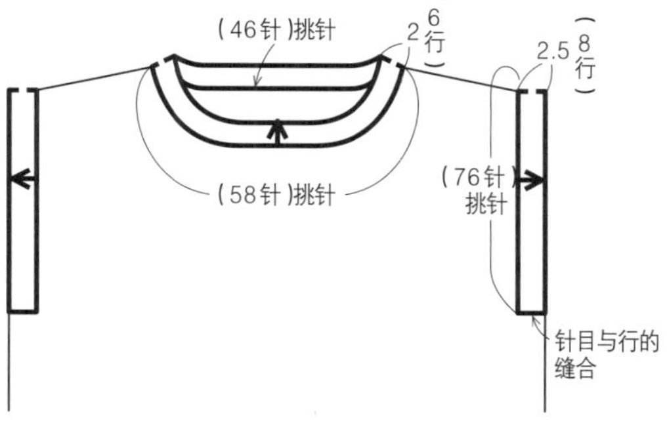

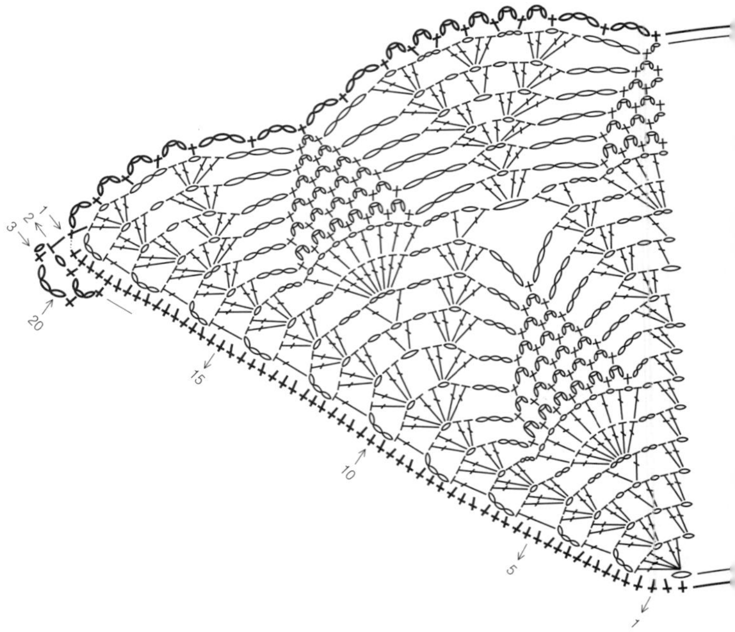

6

第 8 页

●**材料** Ski Premium Mohair（极细）米色（117）40g/2 团、Ski 风花（中细）米色（2002）60g/2 团

●**工具** 钩针 7.5/0 号、8/0 号（起针用）

●**成品尺寸** 长约 33cm

●**编织密度** 条纹花样 1 个花样：14 针，6.5 行（10cm）

●**编织要点** 用 8/0 号针和 1 根 Ski 风花线起 70 针锁针，换成 7.5/0 号针，挑锁针的里山开始钩织，参照图示边加针边钩织菠萝图案的编织花样，共 20 行。每 2 行分别用指定的 1 股或 2 股线做条纹花样。然后用 2 股 Ski Premium Mohair 线，在边缘钩织网眼针，完成 1 行边缘编织 B，最后在侧面的起针处做边缘编织 A。

边缘编织A

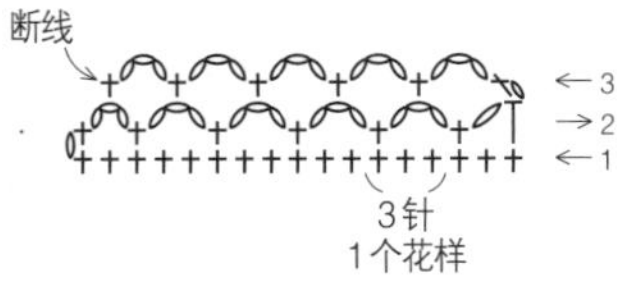

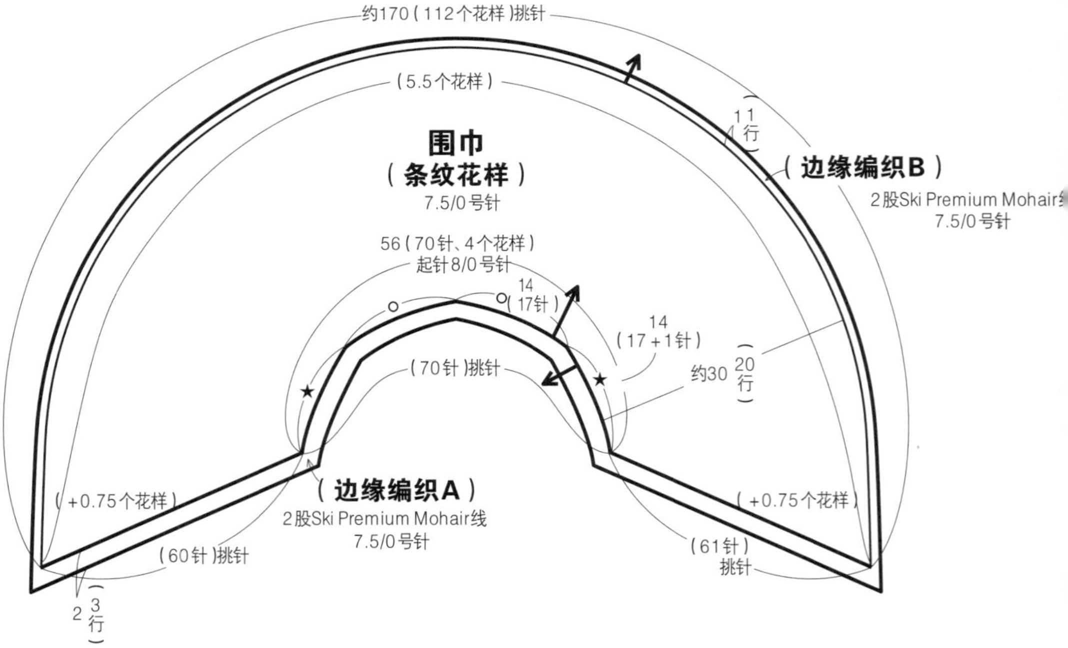

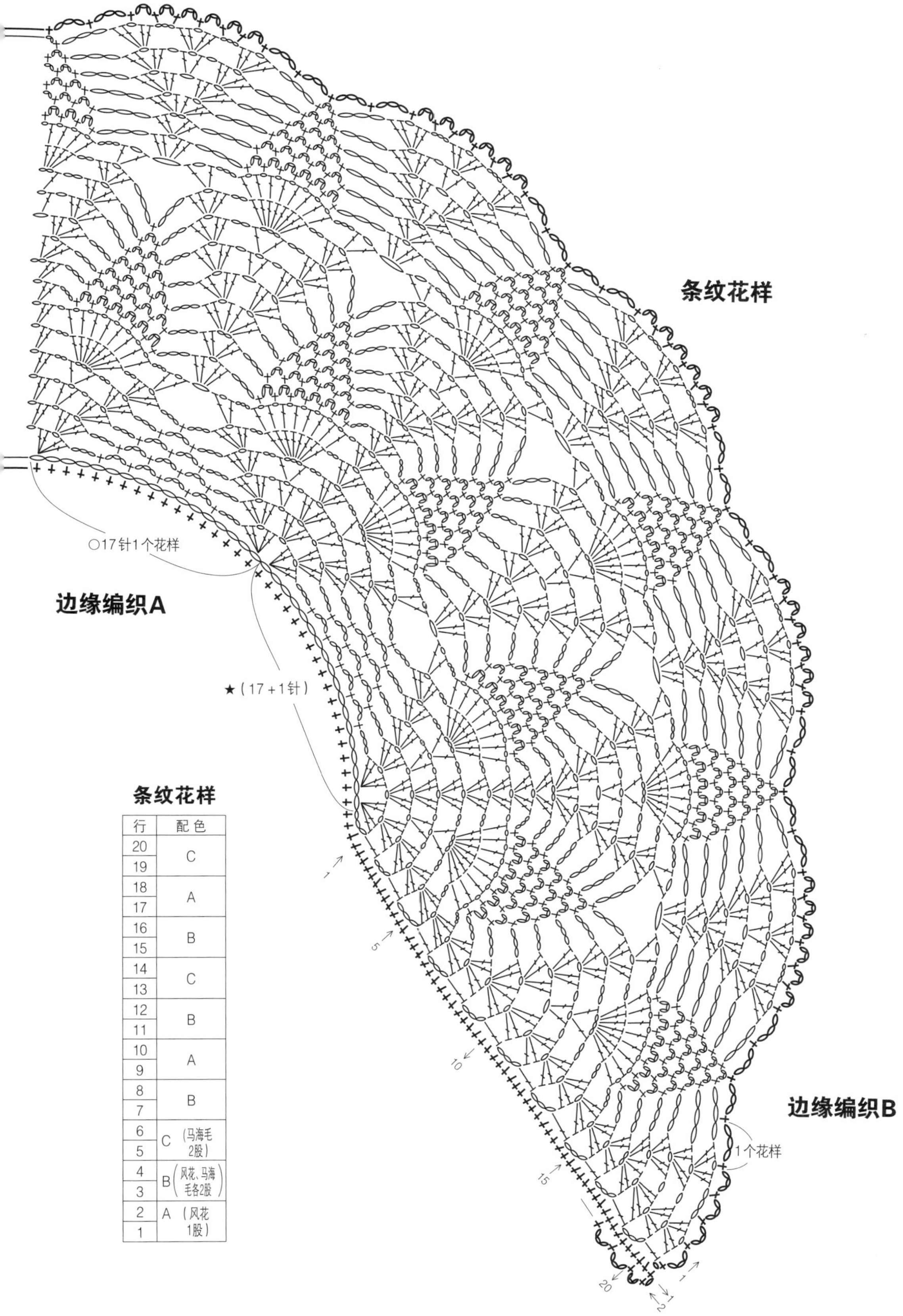

条纹花样

行	配色
20	C
19	C
18	A
17	A
16	B
15	B
14	C
13	C
12	B
11	B
10	A
9	A
8	B
7	B
6	C（马海毛2股）
5	C（马海毛2股）
4	B（风花、马海毛各2股）
3	B（风花、马海毛各2股）
2	A（风花1股）
1	A（风花1股）

7

第 9 页

●**材料**　Ski Premium Mohair（极细）帽子：灰玫瑰色（103）10g、米色（117）9g、浅粉红色（104）5g/ 各 1 团

手暖：灰玫瑰色 8g、米色 6g、浅粉红色 5g/ 各 1 团

●**工具**　钩针 5/0 号

●**成品尺寸**　帽子：头围 55cm 深 21.5cm，手暖：宽约 9cm 长 21.5cm

●**编织密度**　条纹花样 1 个花样：2.5cm × 1.5cm

●**编织要点**　全部使用 2 股线编织

帽子：用2股米色线，钩132针锁针起针，连接成环，无加、减针往返编织8圈条纹花样。将2针中长针的枣形针拉长，钩织得尽量蓬松。帽顶参照图示分散减针，第5圈钩织完成后，留出长线头，穿入最后一圈枣形针的头部拉紧。起针的锁针整段挑起，在帽檐处环形钩织边缘编织A。

手暖：用2股米色线起针，用指定的2股线做条纹花样，改变方向环形编织各行。从第8圈到第10圈往返编织，完成拇指口。继续环形编织3圈，然后做边缘编织B。在起针侧做边缘编织A'。

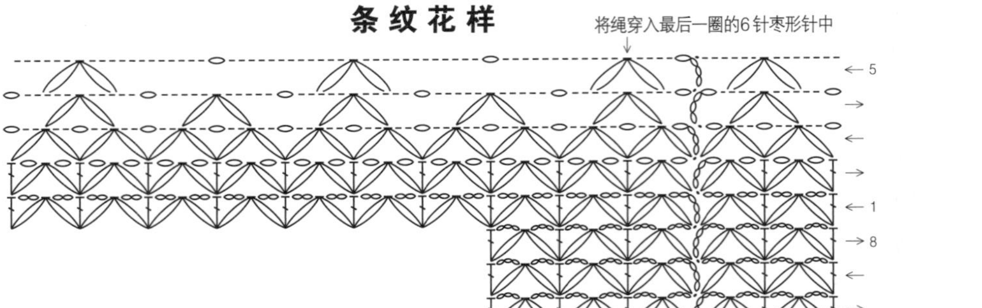

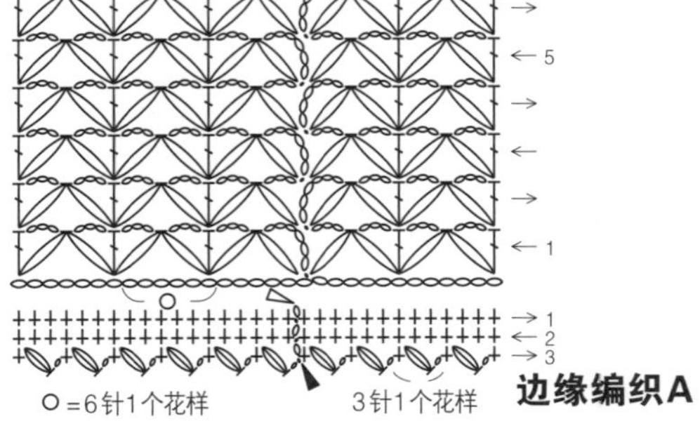

※从锁针起将短针整段挑起编织（手暖的织法相同）

将钩针的针目拉开，挑短针的根部2根线钩织3针中长针的枣形针（手暖）

▷ = 接线

▶ = 断线

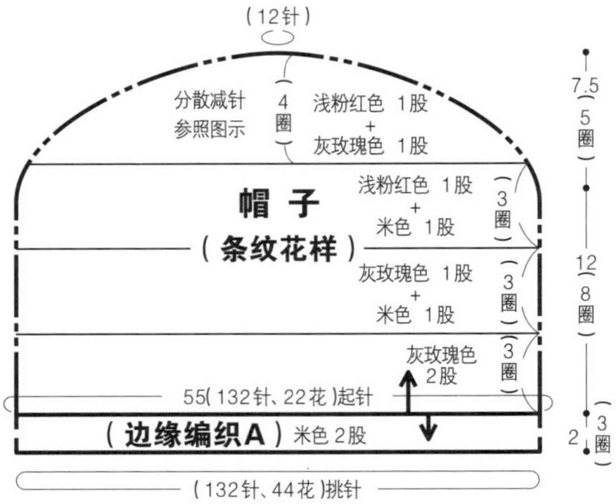

※花 = 个花样

※全部使用5/0号针钩织

※除指定外，全部使用2股线编织

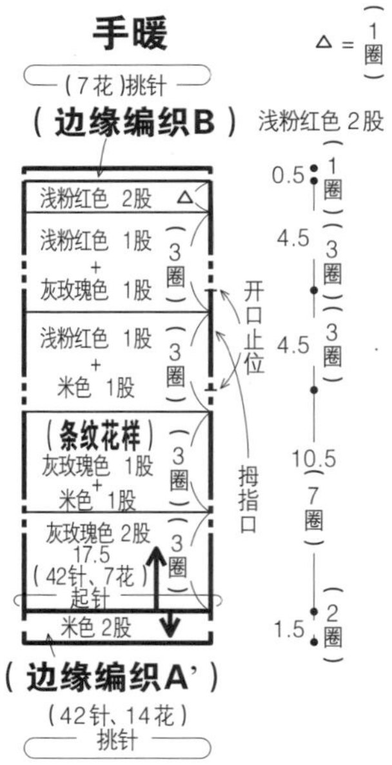

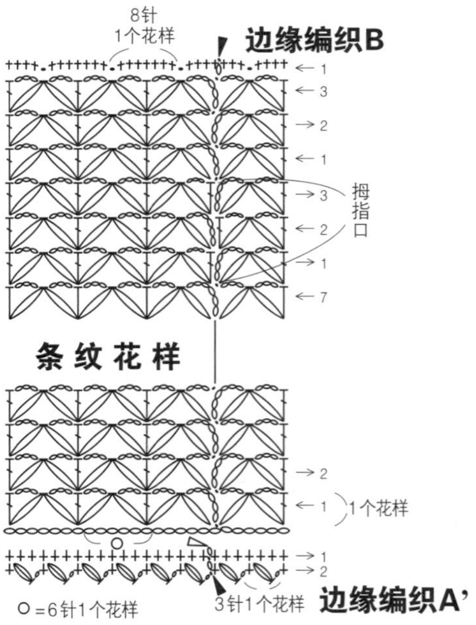

▷ = 接线

▶ = 断线

※花 = 个花样

※全部使用5/0号针编织

2只手暖织法相同

※除指定外，全部使用2股线编织

10

第 12 页

●**材料** Ski Mooya (中粗) 紫色系 (2908) 180g/6团

●**工具** 棒针 6 号

●**成品尺寸** 胸围 102cm 衣长 52.5cm 连肩袖长 27.5cm

●**编织密度** 10cm×10cm 面积内：编织花样 20.5 针，30 行

●**编织要点** 身片用手指挂线起针法起针，参照图示做编织花样。注意两肋部的加针左、右有所不同。袖口部分变成单罗纹针，并在其侧边1针内侧做扭针加针。育克部分采用引返编织。继续编织右侧的引返编织，然后休针。从左侧外侧挂线，做引返编织后断线。右侧休针的线消行，继续做编织花样。前、后肩部引拔接合，肋部挑针缝合。在身片休针及肩部接合处挑针目，环形编织领子。第2行参照图示减针继续做编织花样，最后做伏针收针。

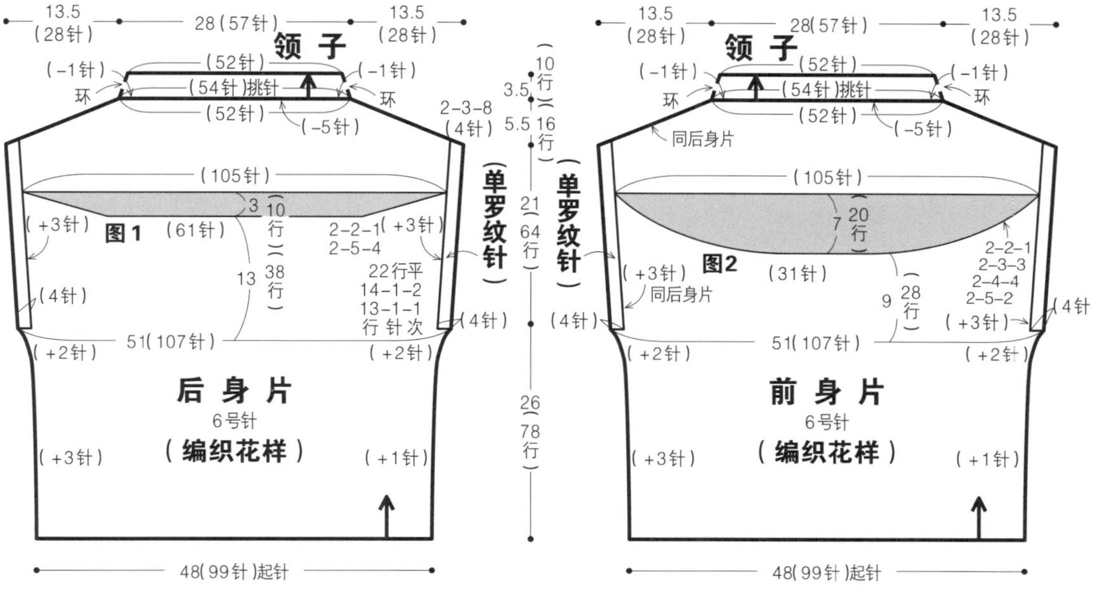

※侧缝加针参照图示

→编织花样图见第 56 页

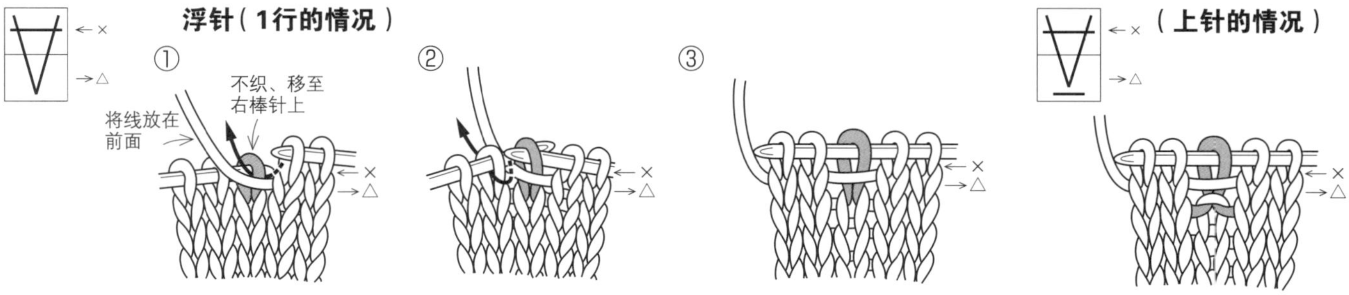

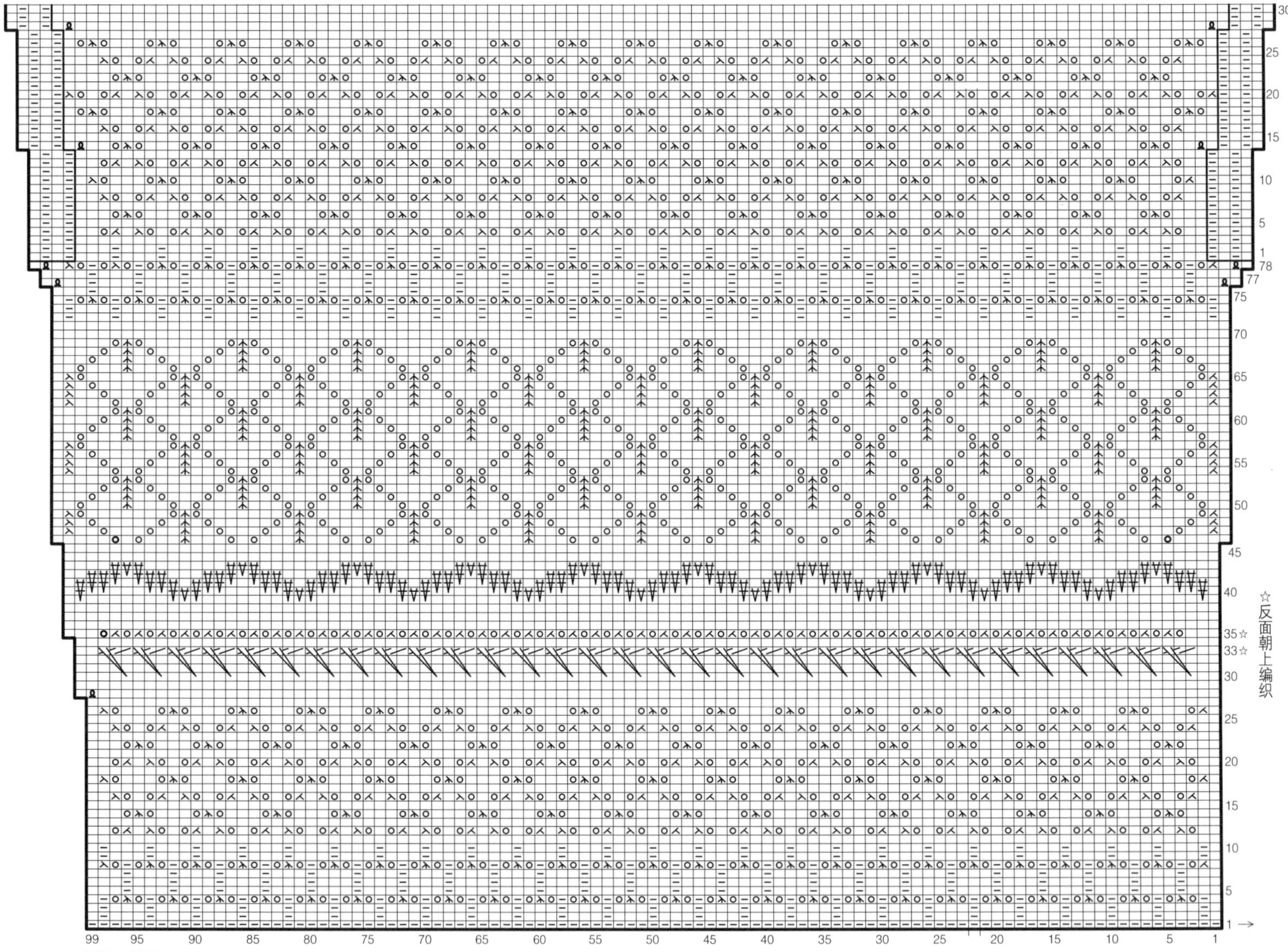

□ = ▯ 下针

的编织方法

在第31行和32行钩织滑针，将第33行的1和2、3与右上1针和2针交叉

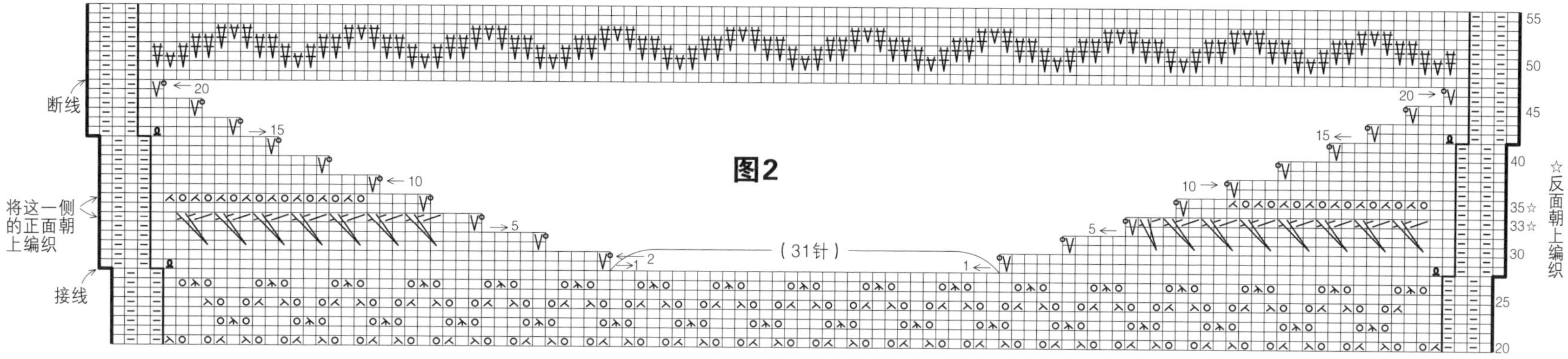
图2
断线
将这一侧的正面朝上编织
接线
☆反面朝上编织
(31针)
55
50
45
40
35☆
33☆
30
25
20

编织花样

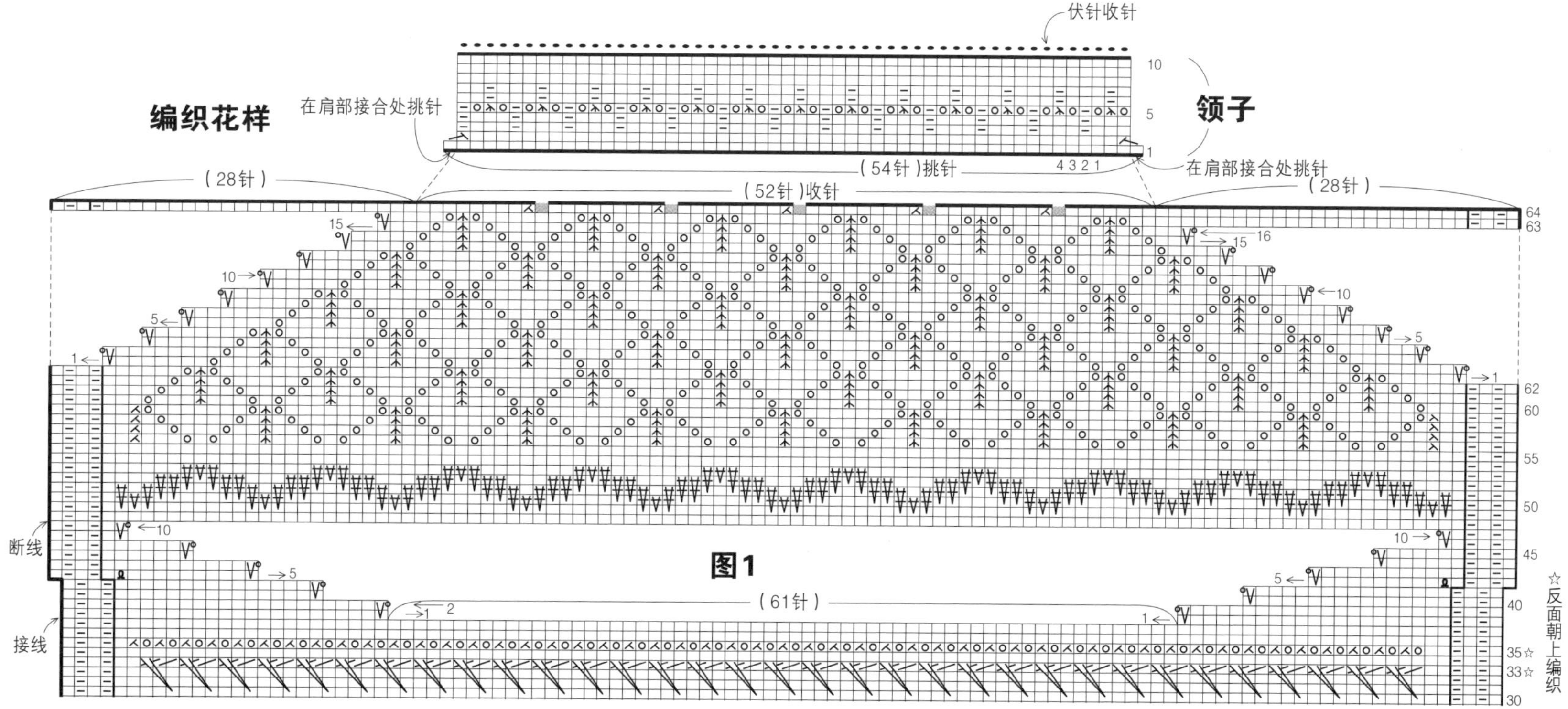
领子
伏针收针
在肩部接合处挑针
在肩部接合处挑针
(54针)挑针
(28针)
(52针)收针
(28针)
图1
(61针)
断线
接线
☆反面朝上编织
64
63
62
60
55
50
45
40
35☆
33☆
30
10
5
4 3 2 1

8

第 10 页

●**材料** Ski Effect（中粗）米粉色系（213）240g/8 团

●**工具** 棒针 5 号、3 号

●**成品尺寸** 胸围 100cm 衣长 56.5cm 连肩袖长 29.5cm

●**编织密度** 10cm×10cm 面积内：编织花样 B 24.5 针，30 行

●**编织要点** 下摆用单罗纹针起针，做编织花样A，在做编织花样B时，在麻花花样交叉的下方做扭针加针。注意前、后身片的编织起点有所不同。袖窿编织伏针和立起侧边1针减针，在侧边1针内侧做扭针加针。斜肩继续做引返编织。前、后肩部盖针接合，领子做编织花样C，然后继续编织前、后身片中心的2个麻花花样。在第6行麻花花样交叉的下面1针上做2针并1针的减针，在第7行编织单罗纹针，并用单罗纹针收针。袖口编织单罗纹针，胁部和袖口的边缘挑针缝合。

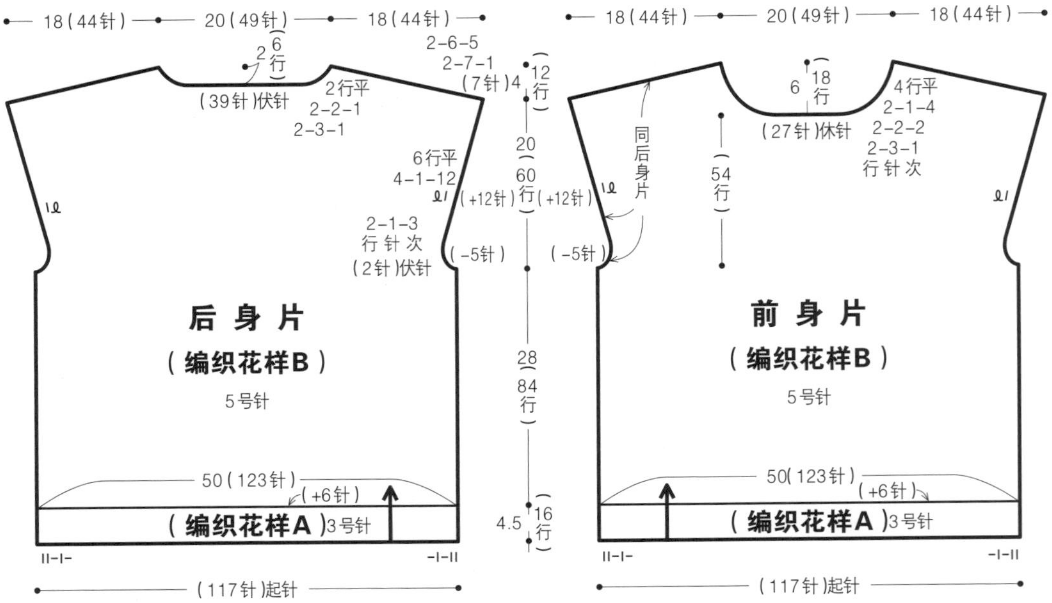

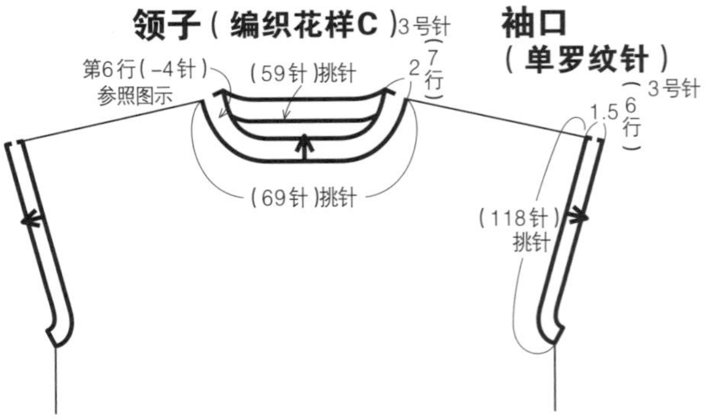

编织花样C（领子）

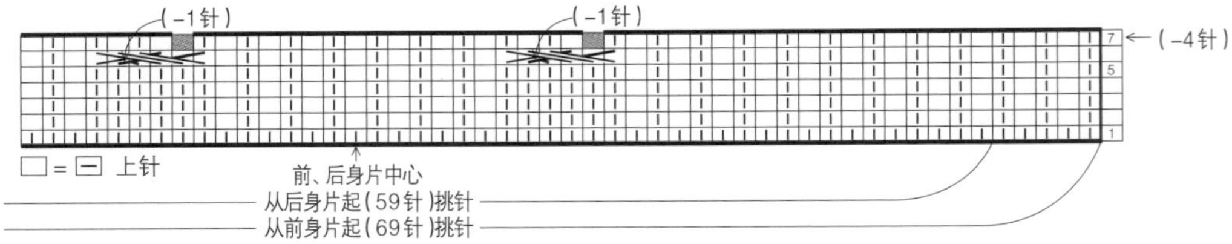

编织花样B

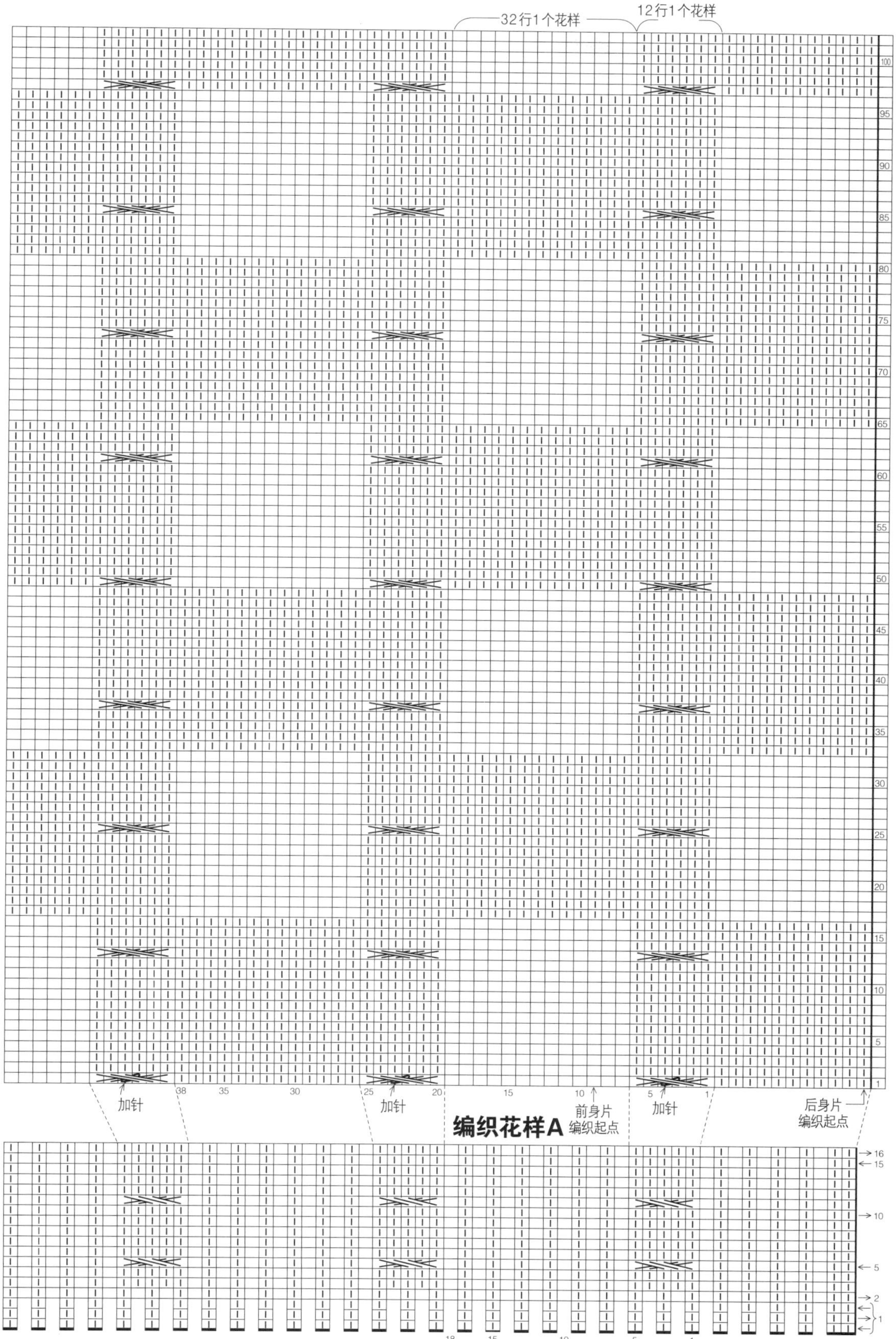

32行1个花样
12行1个花样
100
95
90
85
80
75
70
65
60
55
50
45
40
35
30
25
20
15
10
5
1
38
35
30
25
20
15
10
5
1
加针
加针
加针
前身片
编织起点
后身片
编织起点
编织花样A
16
15
10
5
2
1
18
15
10
5
1

□ = ⊟ 上针

11

第 13 页

●**材料**　Ski Kiraria（中粗）紫色 ＋ 金色（2205）70g/3 团
Ski World Selection Peggy（中粗）酒红色系（105）120g/5 团
●**工具**　棒针 8 号　钩针 8/0 号
●**成品尺寸**　胸围 96cm　衣长 54.5cm　连肩袖长 27.5cm
●**编织密度**　10cm × 10cm 面积内：条纹花样 18 针，26 行
●**编织要点**　身片用手指挂线起针法起针，不加、减针做条纹花样。条纹由2种线组成，采用纵向渡线的方法，注意不要错乱。领窝2针以上的减针做伏针减针，1针时立起侧边1针减针。斜肩继续做引返编织。在下摆的起针上，从反面用酒红色系的线引拔编织稍做调整。前、后肩部正面相对对齐，盖针接合。胁部至袖口的开口挑针缝合。领子和袖口环形编织9行条纹花样。最后用酒红色系的线编织上针并做伏针收针。

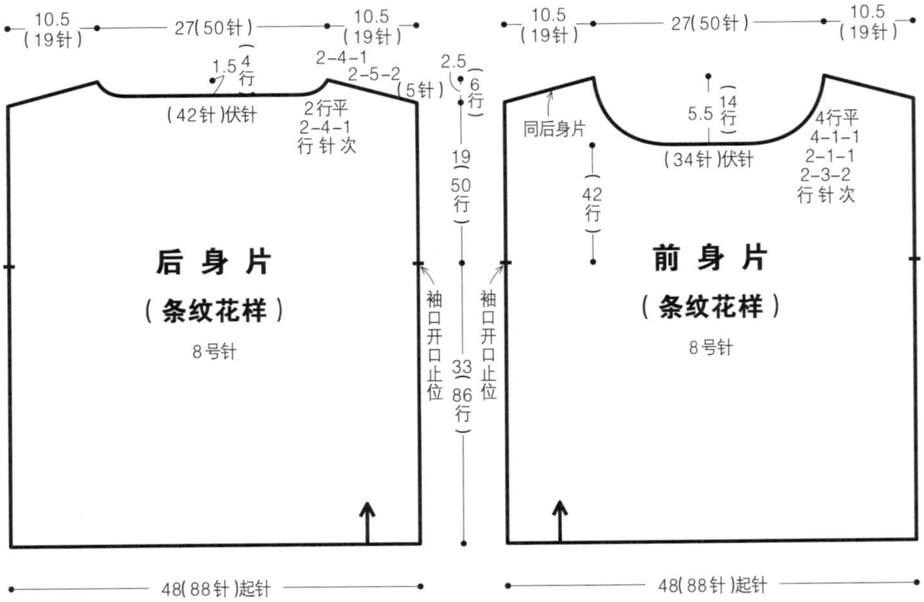

领子、袖口（条纹花样）　8号针

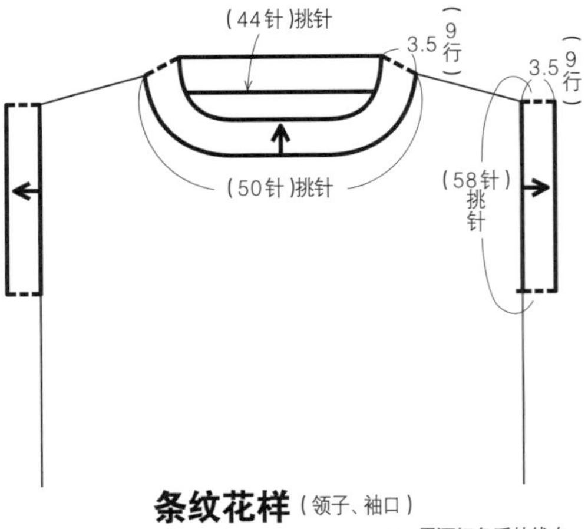

条纹花样（领子、袖口）

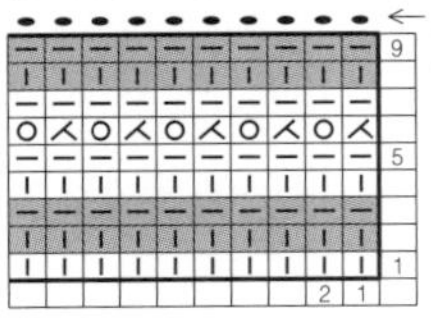

条纹花样（身片）

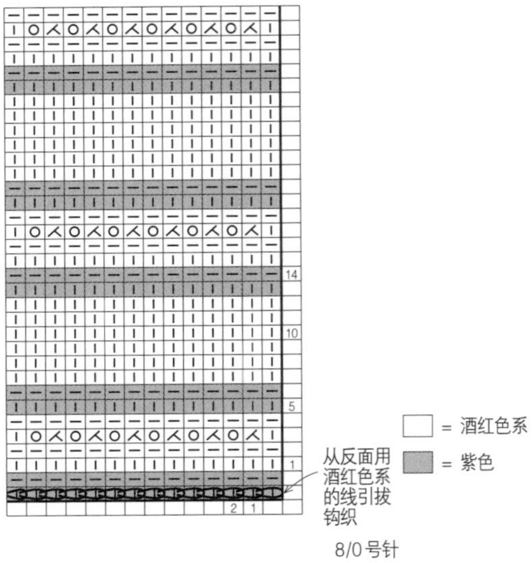

12

第 14 页

●材料 Ski Merino Silk（中粗）蓝色（2605）230g/8 团

●工具 棒针 5 号、6 号、7 号 钩针6/0号

●成品尺寸 胸围 96cm 衣长 58cm 连肩袖长 44cm

●编织密度 10cm×10cm面积内：编织花样A、B同为21针，32.5行

●编织要点 前、后身片的形状完全相同。领窝分别另线锁针起针，身片和左、右袖连在一起，参照图示边加针边做编织花样A。编织104行后，在左、右袖子部分休针，身片的左、右两侧分别加1针，然后继续无加、减针编织，休针。从肩部到袖山和肋部挑针缝合，至袖口开口止位的袖下30针做下针编织。在下摆和袖口的休针处钩2针锁针并1针调整并环形钩织边缘编织。注意下摆为2针锁针，袖口为1针锁针。领子前、后的针数有所不同，编织单罗纹针后向内折，挑起针目做罗纹针的无缝缝合。

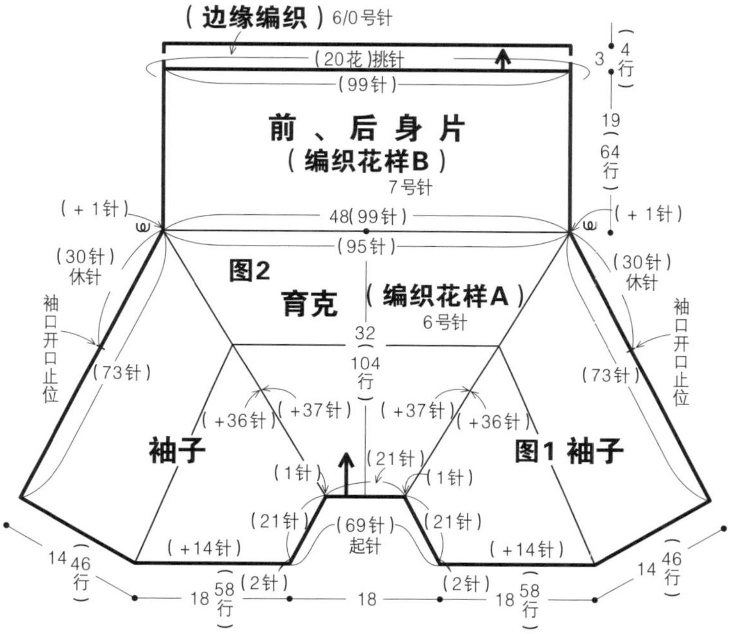

※花=个花样

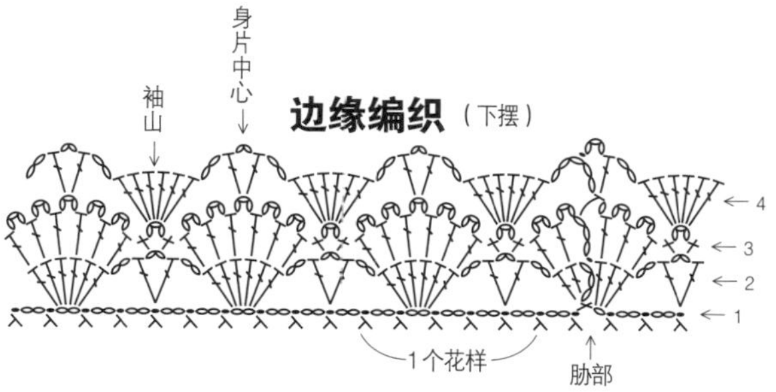

※袖口的边缘编织的第1、2行参照63页
第3、4行，方法同下摆

领子的挑针方法

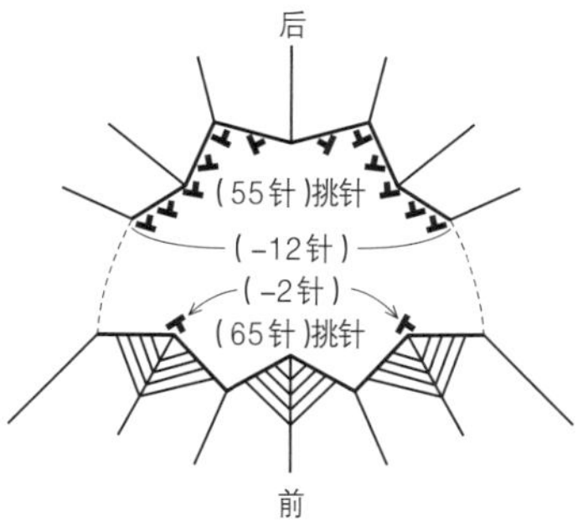

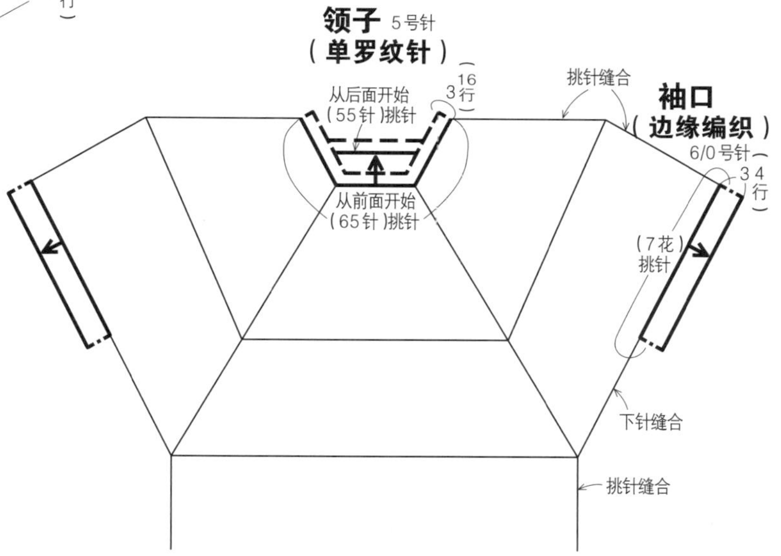

→编织花样图见第 62 页

图2 前、后身片 编织花样

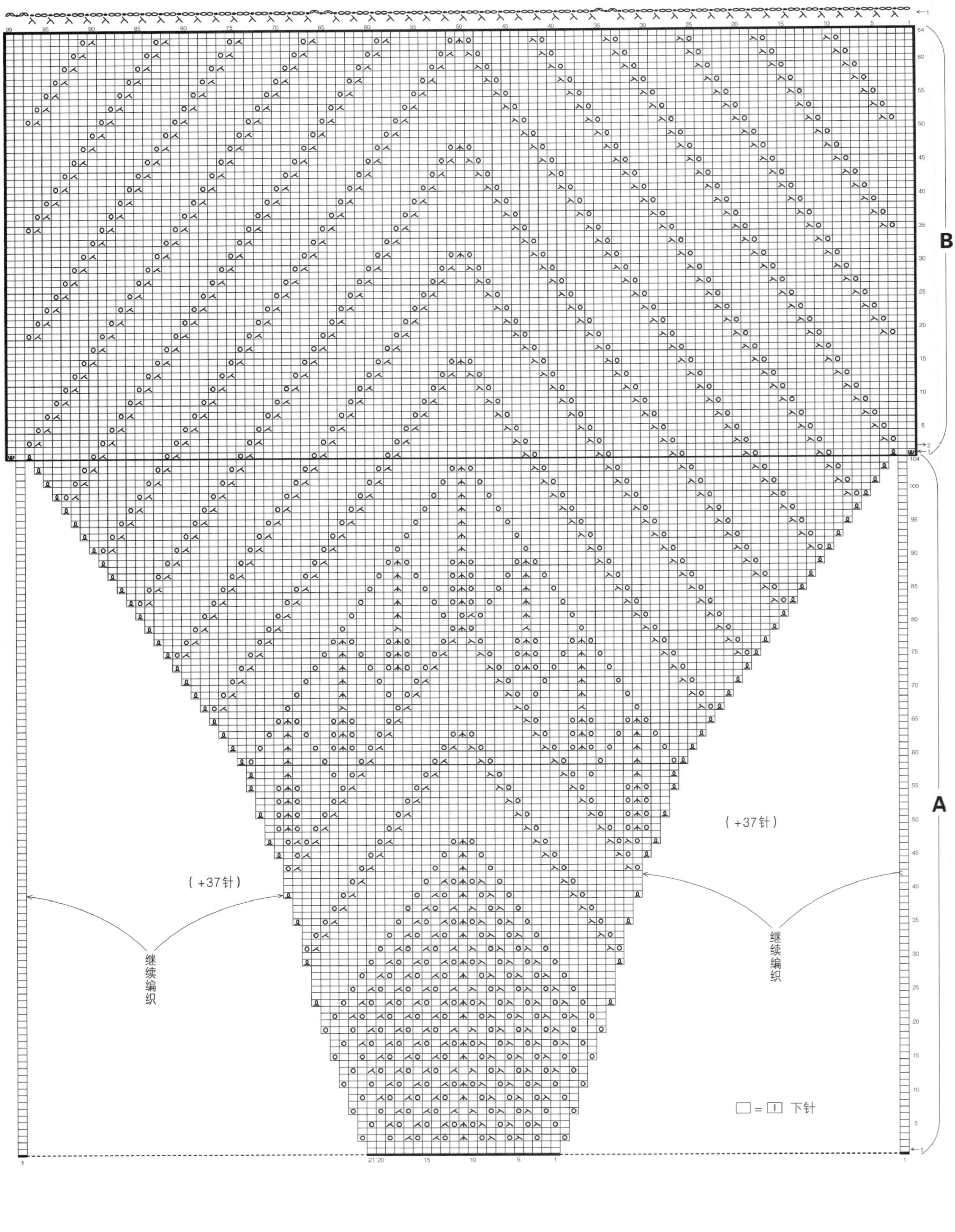

15

第 17 页

●**材料** Ski Sonata（中粗）珊瑚粉色（108）75g/2 团

●**工具** 钩针 4/0 号

●**成品尺寸** 宽 15.5cm 周长 51cm

●**编织密度** 10cm×10cm 面积内：编织花样 28 针，20 行

●**编织要点** 锁针起针，编织144针，并引拔至第1针上，连接成环形。挑第1行锁针的里山，改变每行的方向编织花样。钩织长针的正拉针时，需要拉出较长的线，注意整理线。不加、减针钩织31行。

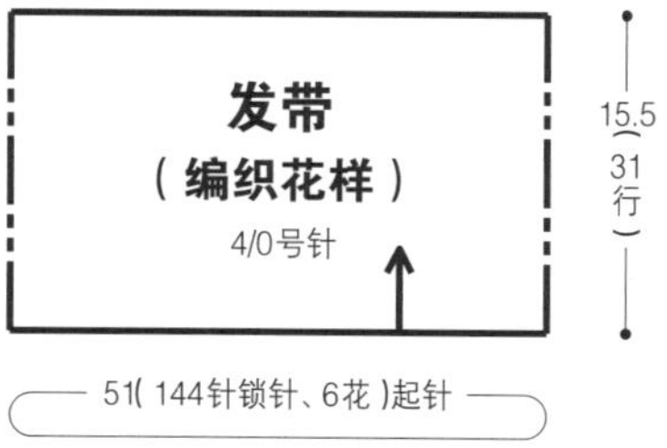

※花＝个花样

→编织花样图见第 64 页

图1 袖子

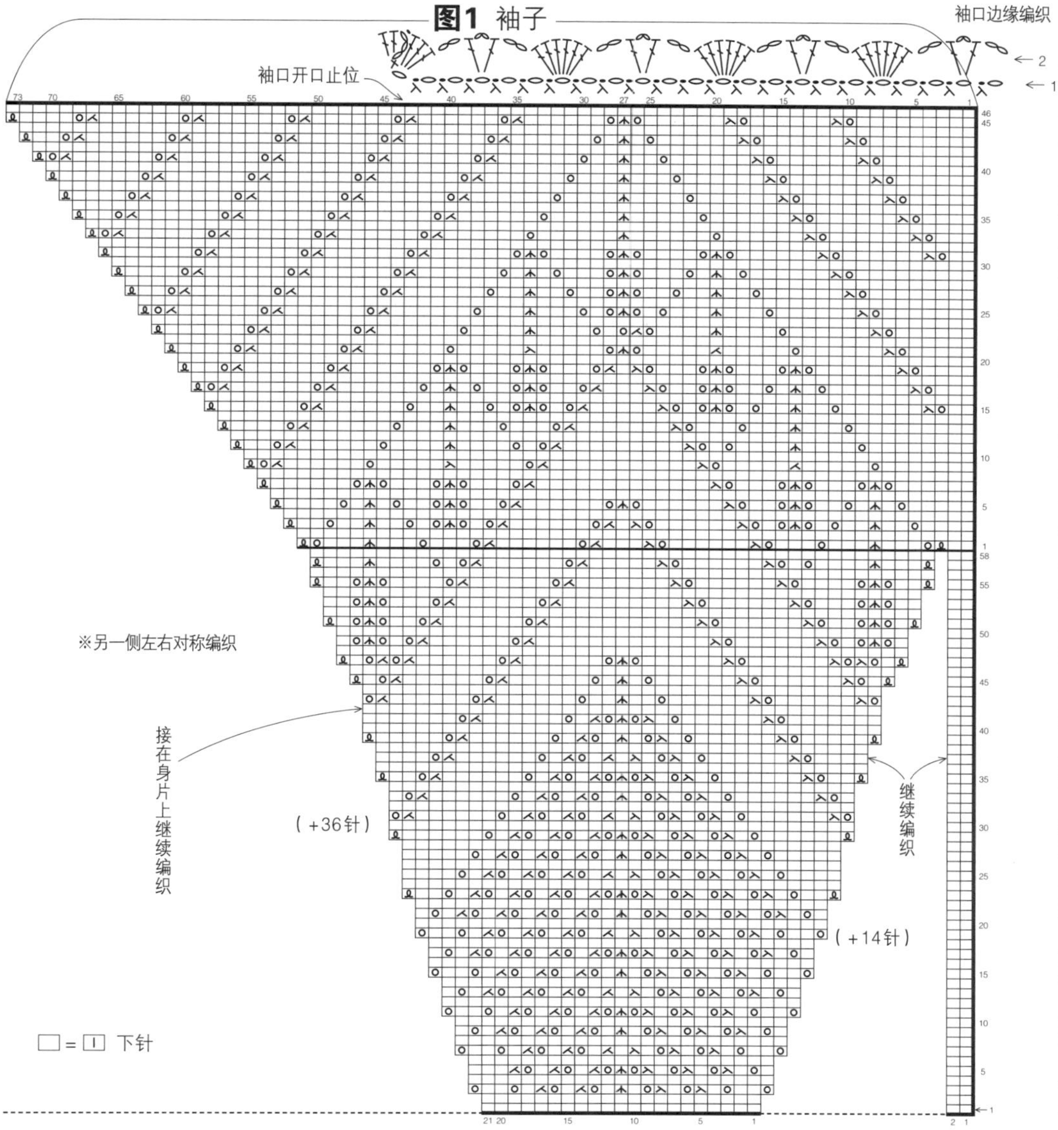

14

第 16 页

●**材料** Ski World Selection Blanco（超粗）蓝绿色（1207）230g/5 团
●**工具** 8mm 棒针
●**成品尺寸** 衣长 48cm 连肩袖长约 60cm
●**编织密度** 10cm×10cm 面积内：下针编织10 针，14 行
●**编织要点** 后身片用手指挂线起针法起针，编织4行单罗纹针，然后编织下针。两肋部的3针继续编织单罗纹针。最后编织4行单罗纹针，编织上针并做伏针收针。前身片与后身片的编织起点相同，做下针编织部分，两侧立起侧边2针减针，最后1针编织单罗纹针。连接前、后身片时，为了使成品可以正反两面穿，将前、后身片对齐，在符号相同的位置将针目与行缝合。将前身片1针、后身片起针及伏针收针留出，接合出凸起的线条。另外，袖口部分要重叠3cm缝合，以便更结实。

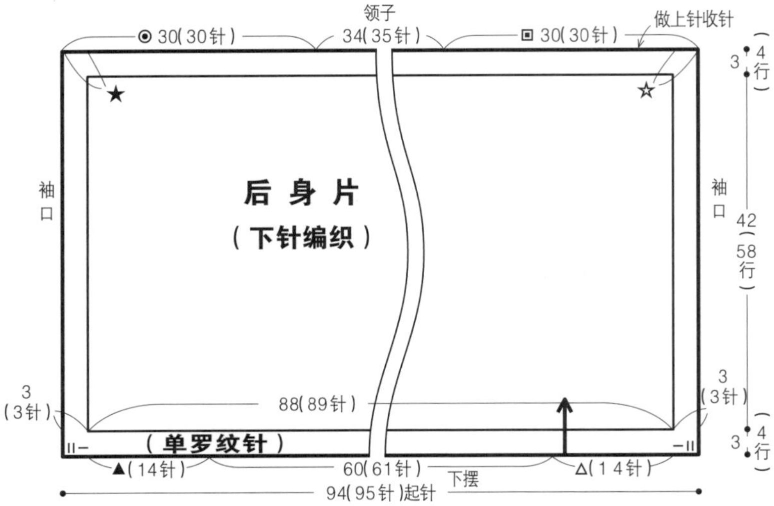

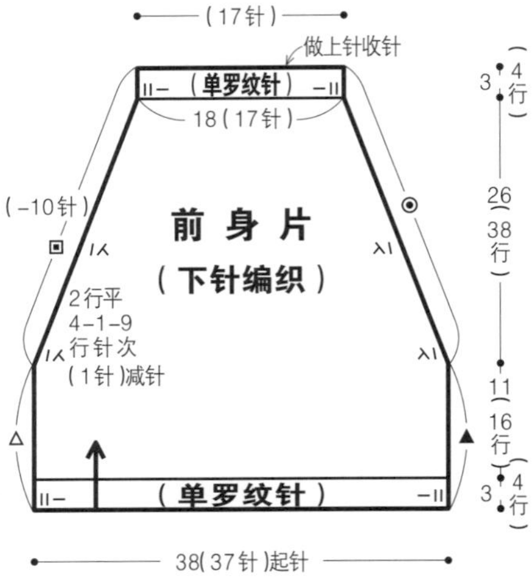

※全部使用8mm棒针编织

作品 15 接第 63 页

编织花样

立针的爆米花针编织方法

在4针锁针的立针上钩织2针长针，挑上行3针锁针钩织完成爆米花针

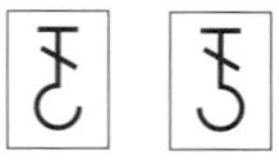

的编织方法参见第103页

13

第 15 页

●材料 Ski Twin Merino（粗）蓝绿色（2809）320g/8 团

●工具 棒针 10 号

●成品尺寸 胸围 96cm 肩宽 41cm 衣长 52.5cm

●编织密度 10cm×10cm 面积内：编织花样 A 20 针，25 行

●编织要点 用手指挂线起针法起针，将下摆的桂花针作为编织起点。然后做编织花样A完成身片部分，注意胁部的减针参照图示进行。袖窿部分的4针桂花针同身片同时完成，袖窿边缘4针的内侧参照图示减针。领窝的减针参照图示进行，斜肩继续做引返编织。前、后肩部引拔接合，领子接着身片的花样继续做编织花样B。最后1行编织单罗纹针，上、下针分别做伏针收针。胁部挑针缝合，袖下部分比较容易拉伸，所以缝合得要牢固一些。

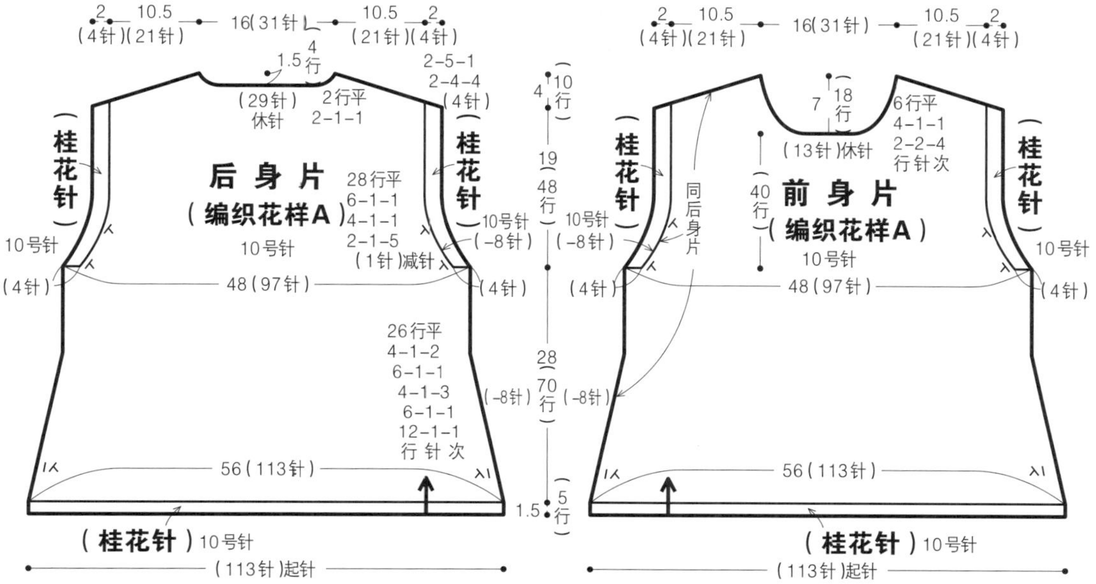

编织花样 B（领子）

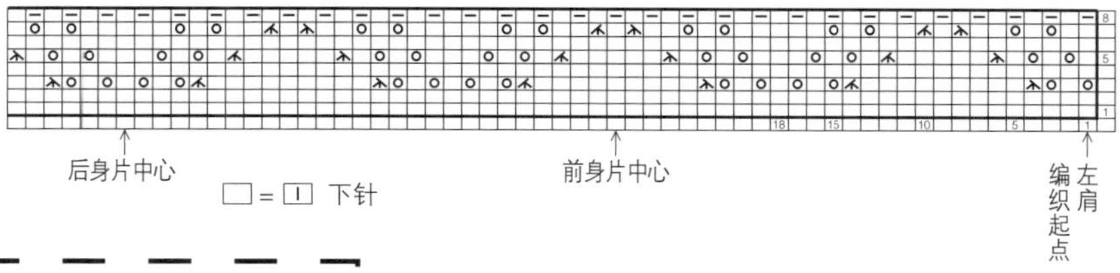

作品 14 接第 64 页

组合方法

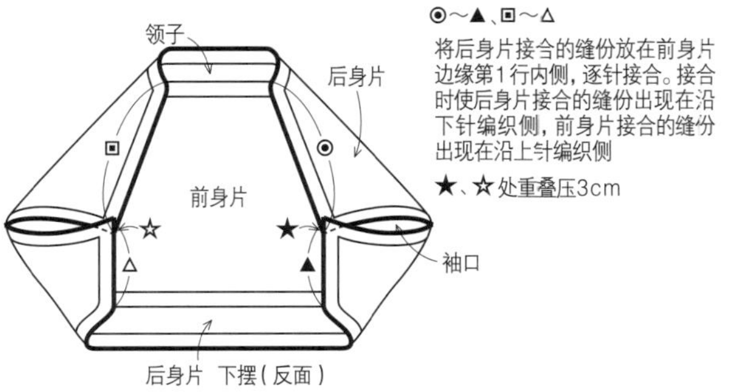

领子（编织花样B）10号针

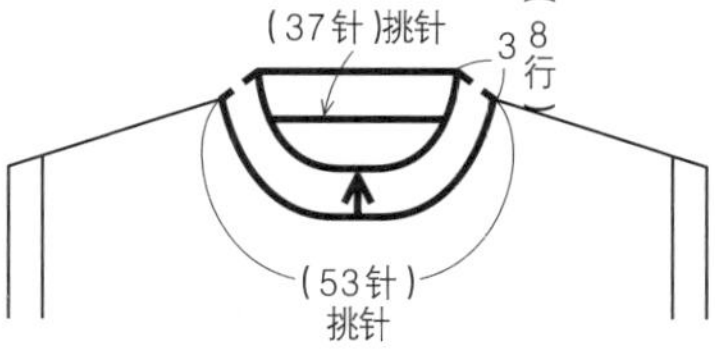

→编织花样图见第 66 页

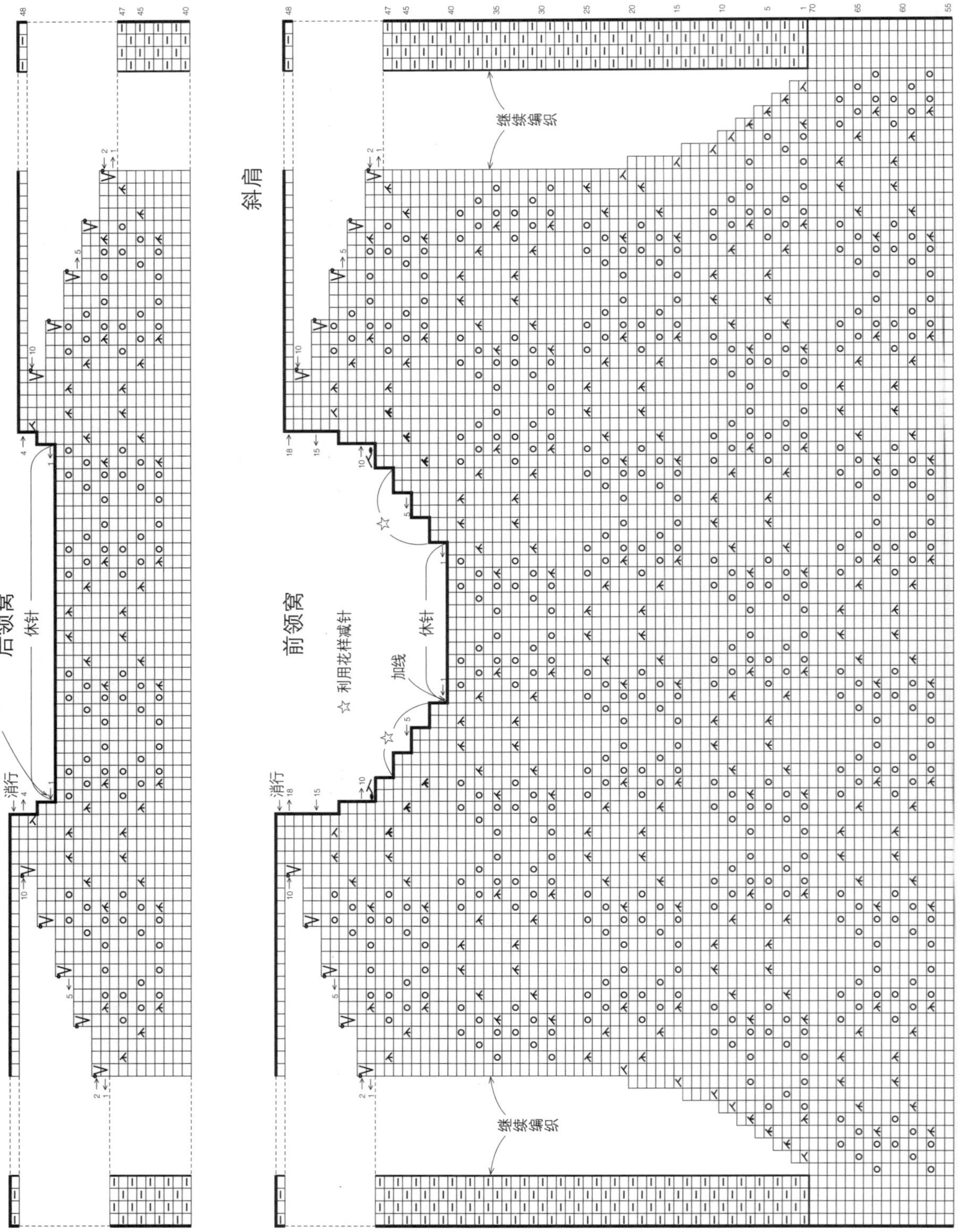
后领窝
休针
接线
消行
斜肩
前领窝
☆ 利用花样减针
加线
继续编织

作品 17 接第 69 页

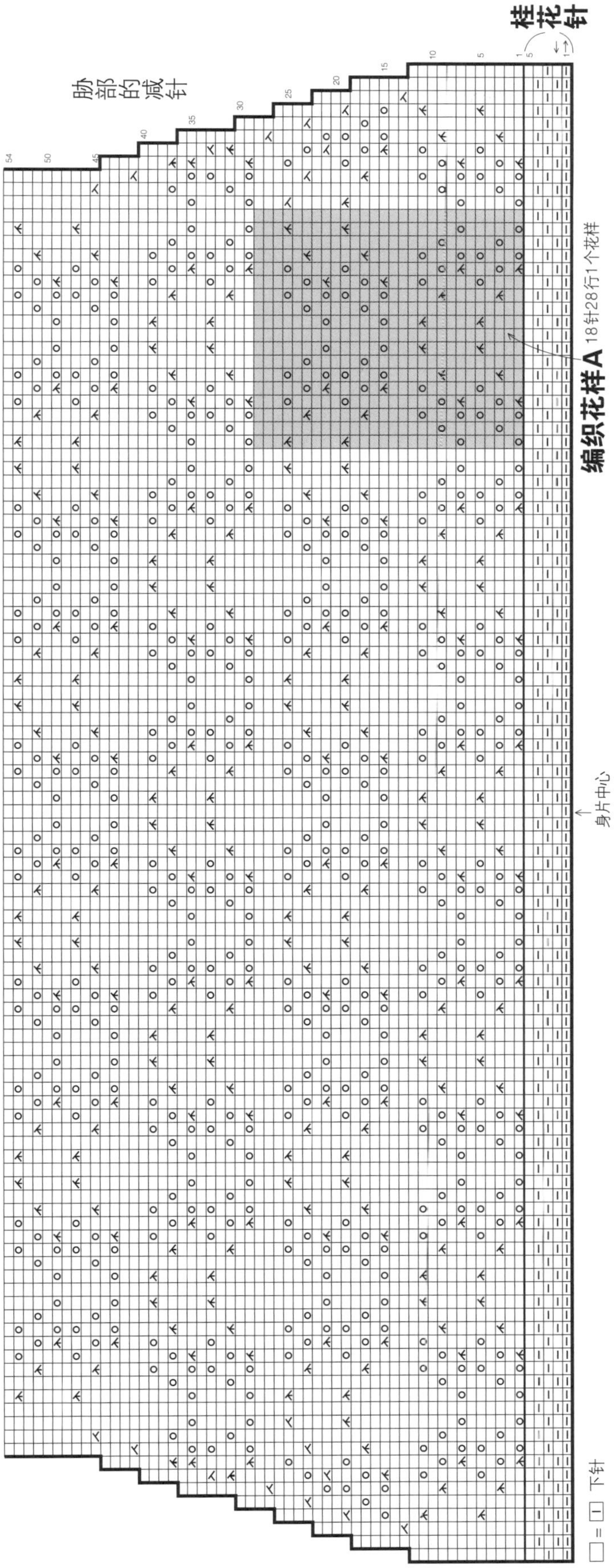

条纹花样A（裙片）

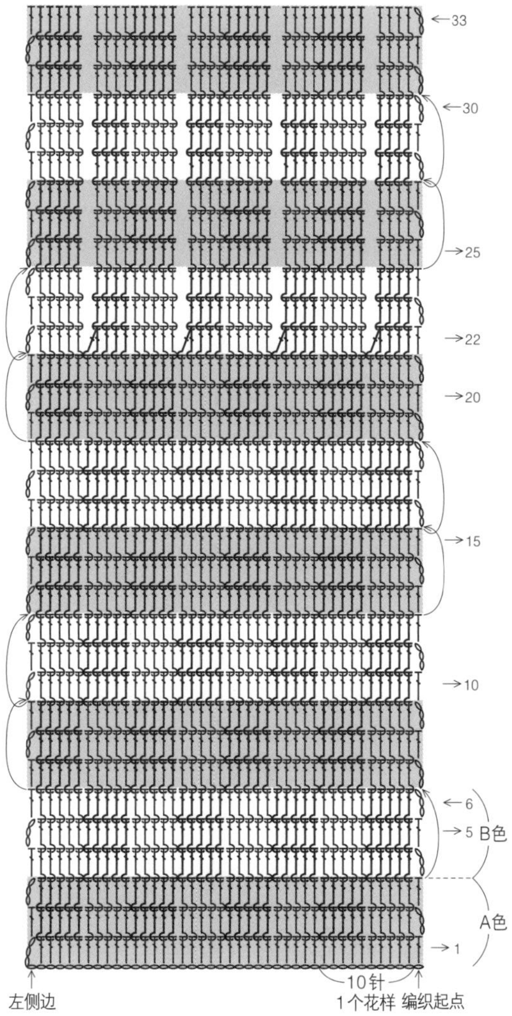

B色 = □ 祖母绿色

A色 = ■ 深紫色

17

第 19 页

●**材料**　Ski Effect（中粗）背心：祖母绿色（205）160g/6 团、深紫色（209）45g/2 团

短裙：祖母绿色 135g/5 团、深紫色 65g/3 团　宽 2.5cm 的松紧带 76cm

●**工具**　棒针 7 号、8 号　钩针 7/0 号

●**成品尺寸**　背心：胸围 105cm　衣长 51.5cm　连肩袖长约 28cm，短裙：臀围 74cm　腰围 86cm　长 40.5cm

●**编织密度**　10cm×10cm 面积内：条纹花样 A 17.5 针，12 行　条纹花样 B 20.5 针，27 行；下针编织 20 针，27 行

●**编织要点**　背心：横向编织前、后中心的条纹花样 A。两侧用棒针挑针，编织领窝及斜肩的编织花样 B，下摆开口处做上针编织，此处的针目做伏针收针，剩余部分直接休针。下摆做边缘编织 A，并用伏针收针。肩部挑针缝合，前开衩处用上针编织收尾，领子做边缘编织条纹花样 B。最后编织上针及伏针收针。袖口和领子用同样方法编织，胁部做下针编织，袖口的边缘挑针缝合。

短裙：锁针起针，挑里山做条纹花样 A，编织过程参照图示分散减针，然后用棒针挑针目，做下针编织，休针待用。胁部挑针缝合，下摆环形编织，裙腰部分减针挑起做下针编织及伏针收针。编织 3 行方眼针，穿入松紧带后，向反面折并缝合。

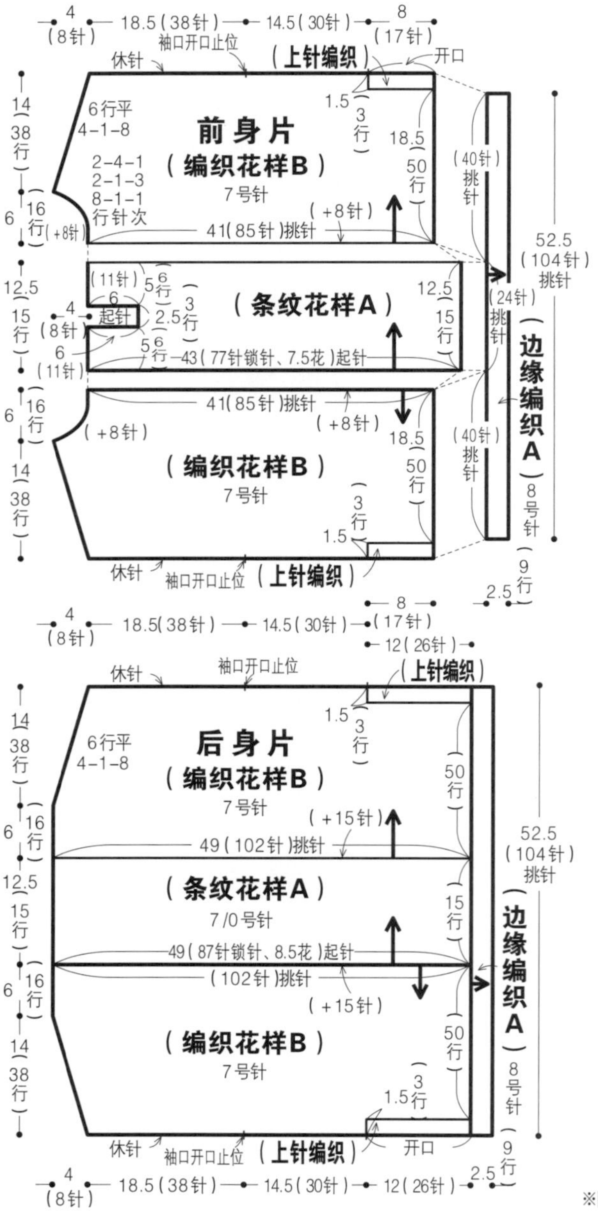

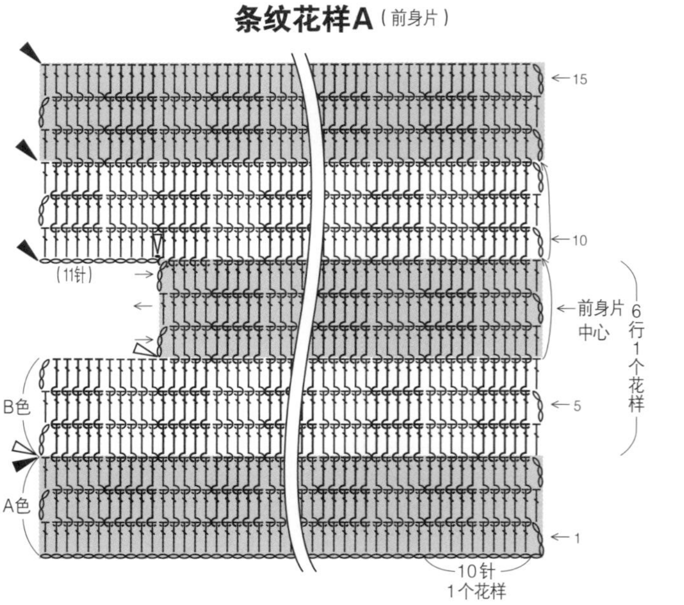

B色 = □ 祖母绿色

A色 = ▨ 深紫色

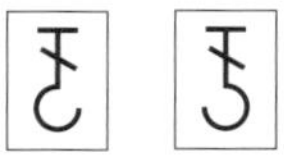 的编织方法见第103页

的编织方法见第103页

领子、袖口（边缘编织条纹花样B）7号针

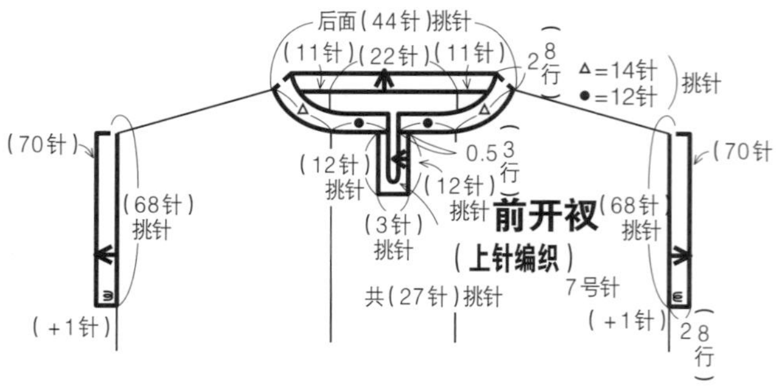

※除指定外，均使用祖母绿色线编织

边缘编织条纹花样B（袖口、领子）

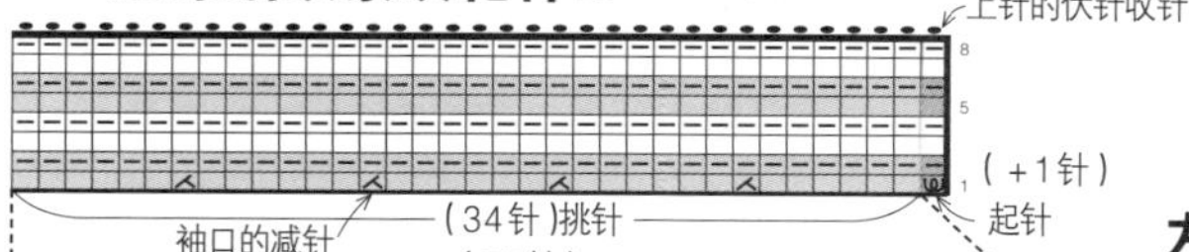

B色 = □ 祖母绿色
A色 = ▨ 深紫色

左前身片、编织花样B

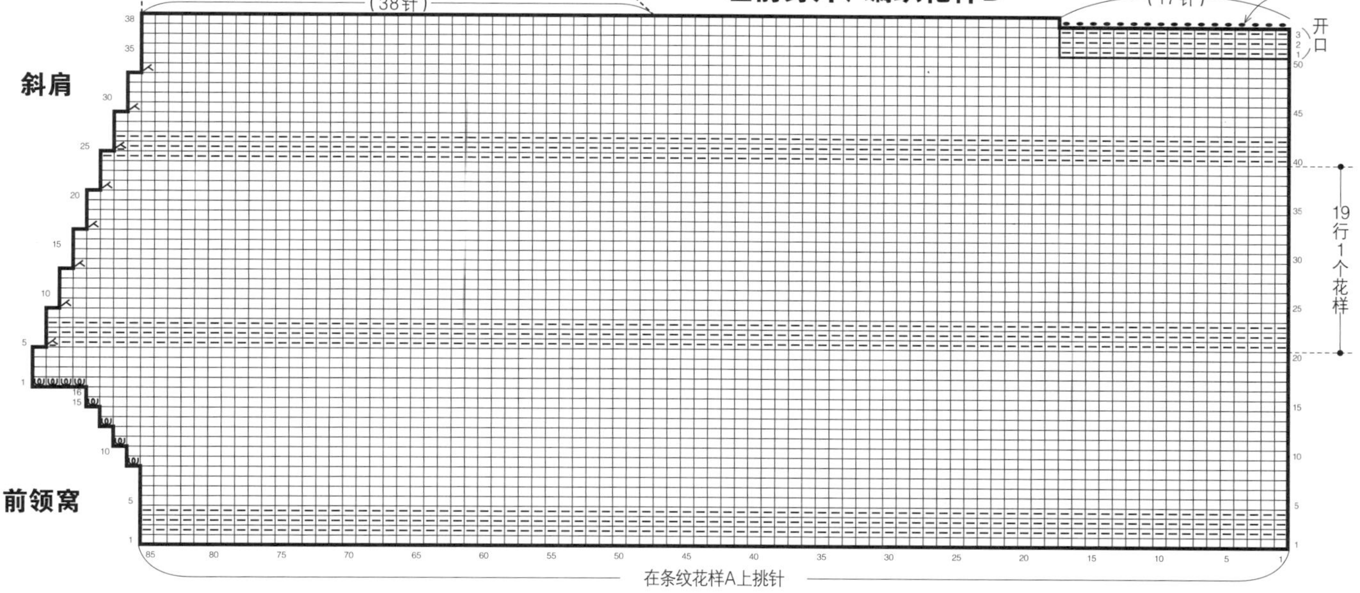

※挑针加针时，接线后挑下一行编织扭针

□ = ⊡ 下针

边缘编织A（裙腰、裙片下摆）

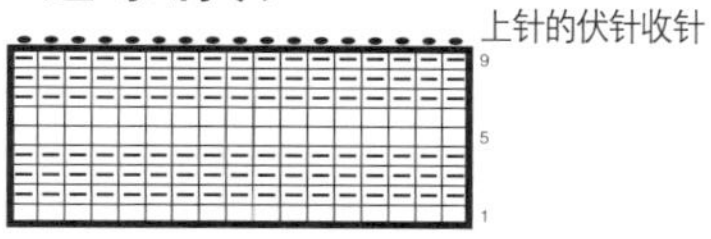

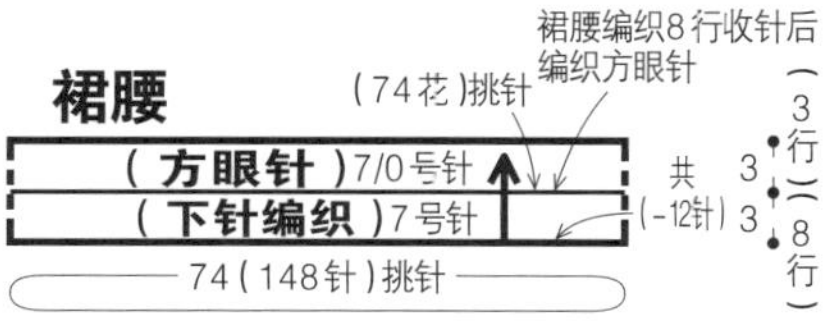

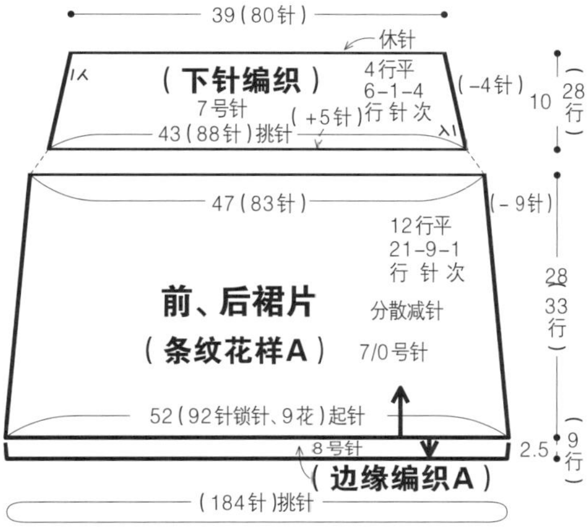

方眼针

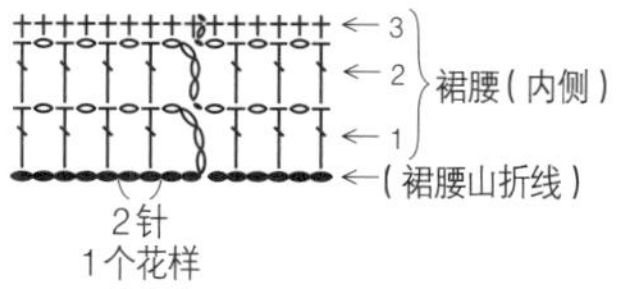

→裙片的编织花样图见第 67 页

※花＝个花样

※除指定外，均使用祖母绿色线编织

18

第 20 页

●**材料**　Ski Clement（中粗）酒红色系（2311）390g/13 团

●**工具**　棒针 6 号　钩针 6/0 号

●**成品尺寸**　胸围 94cm　衣长 61.5cm　连肩袖长 65cm

●**编织密度**　10cm × 10cm 面积内：编织花样 A、B 同为 26 针，30 行

●**编织要点**　左侧袖口用手指挂线起针法起针，做编织花样 A，横向编织。在左胁部的边缘卷针加针，育克部分无加、减针。领窝的前、后分别编织，前领窝参照图示加、减针，然后再继续编织后领窝。右胁部编织伏针和立起侧边1针减针，直接编织右袖，最后做伏针收针。从前、后身片的育克部分起做编织花样 B，参照图示分散加针至下摆，做伏针收针。袖下及胁部挑针缝合，袖口和下摆环形编织做边缘编织 A。领口做边缘编织 B 并整理好。边缘编织 A、B 均在第 1 行从反面挑针编织。

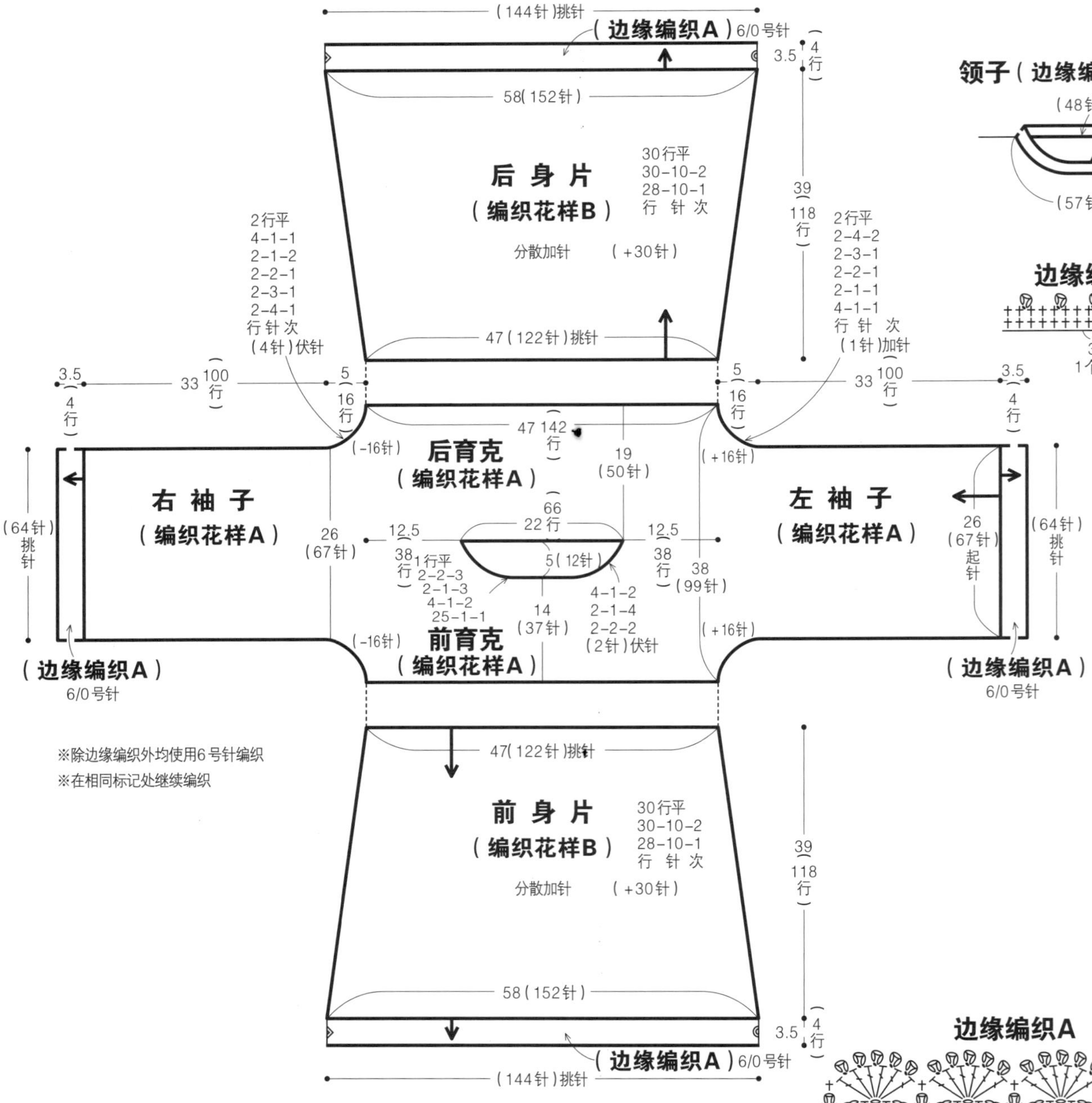

※除边缘编织外均使用6号针编织

※在相同标记处继续编织

领子（边缘编织B）6/0号针

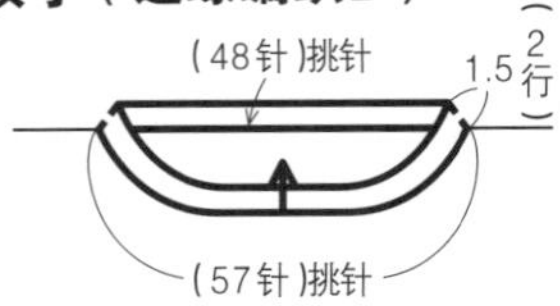

边缘编织B

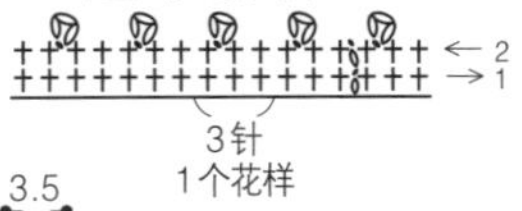

边缘编织A

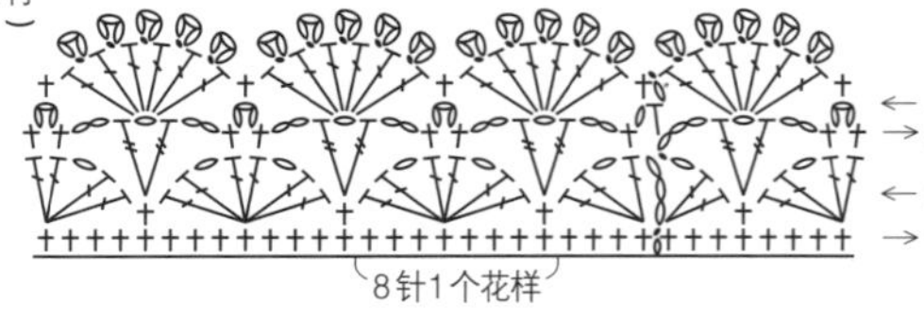

编织花样B

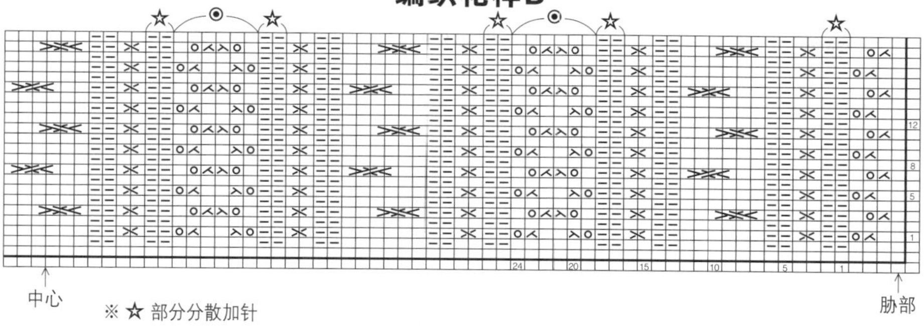

※☆部分分散加针

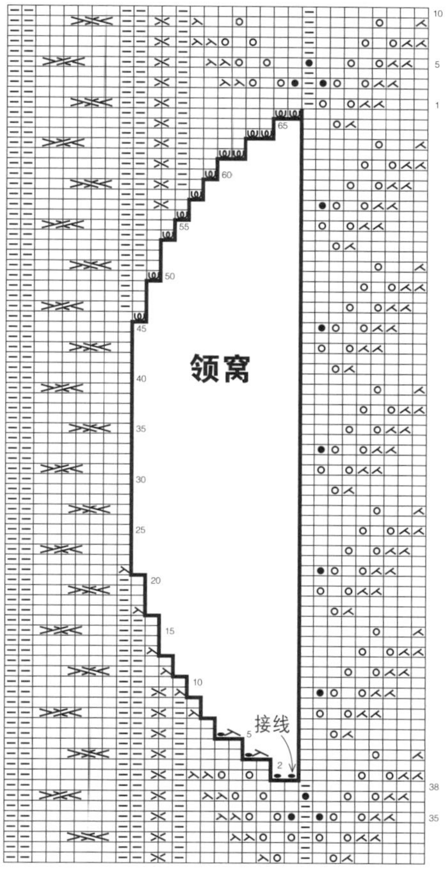

身片的分散加针

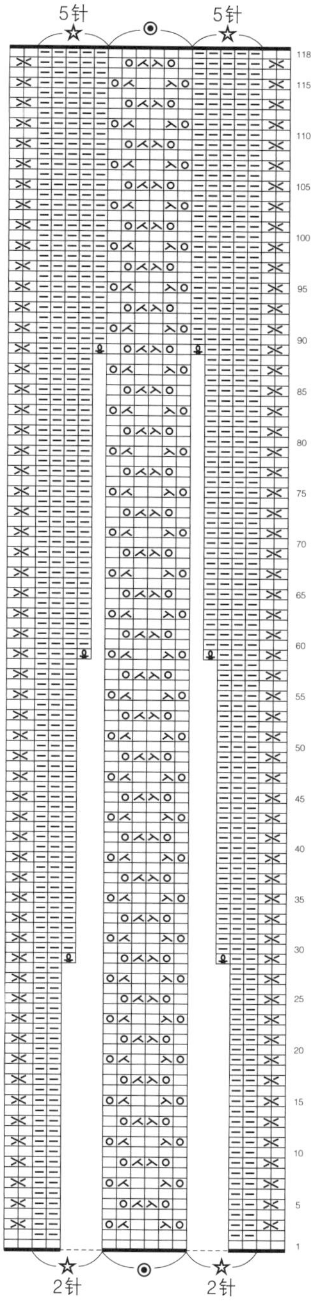

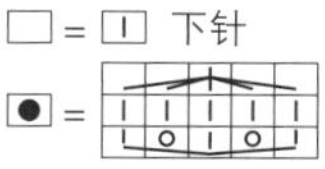

编织花样A

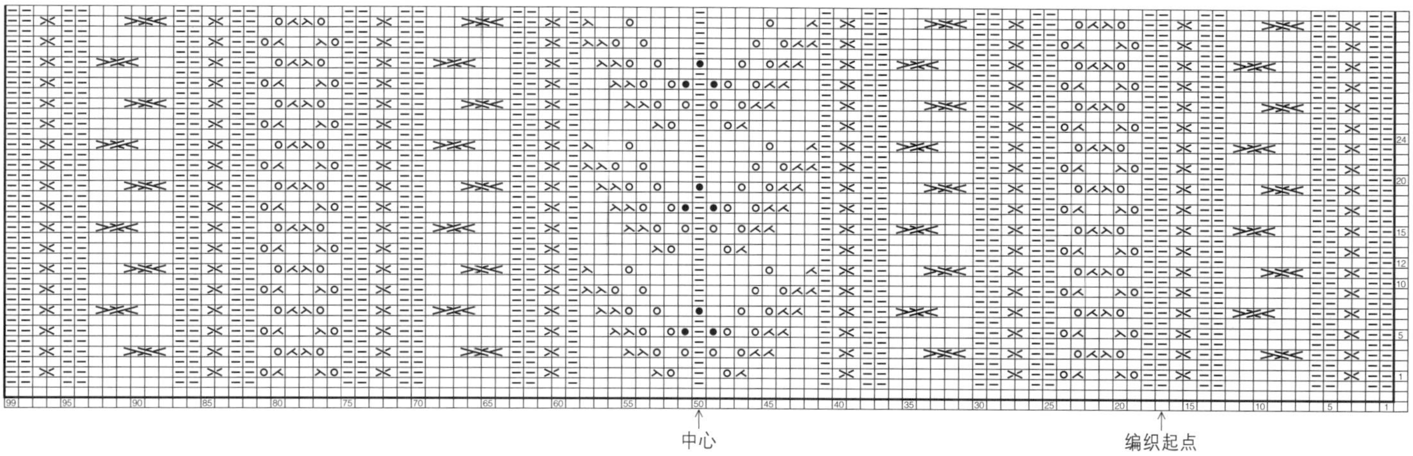

16

第 17 页

●**材料** Ski Twin Merino（粗）浅蓝色（2807）65g/2 团

●**工具** 棒针 9 号、7 号

●**成品尺寸** 头围 54cm 深 21cm

●**编织密度** 1 个花样 14 针为 6cm×10cm（25.5 行）

●**编织要点** 单罗纹针起针，编织扭针单罗纹针连接成环，改变编织花样。在编织花样的过程中参照图示分散减针。在最顶部剩下的 18 针中穿 2 次线并拉紧。遇到扭针时，插入棒针时要将针目扭着。

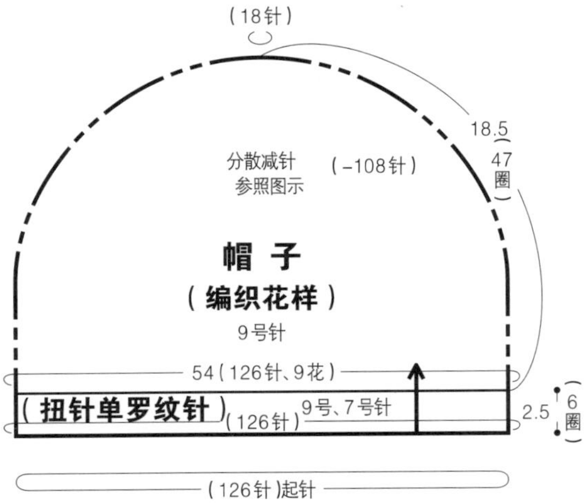

※花＝个花样

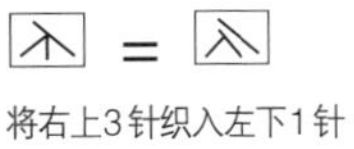

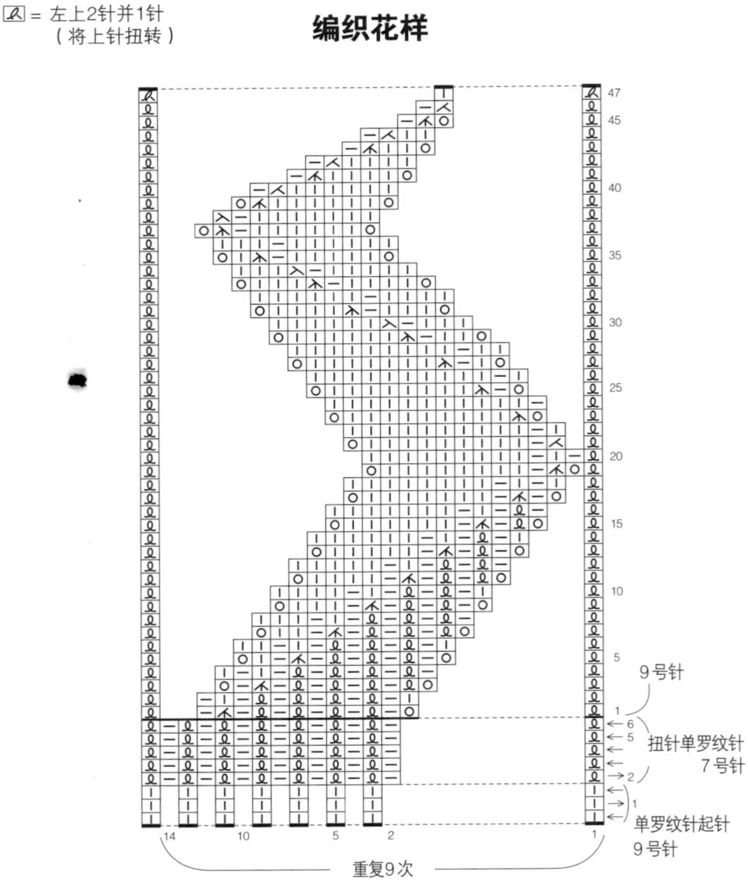

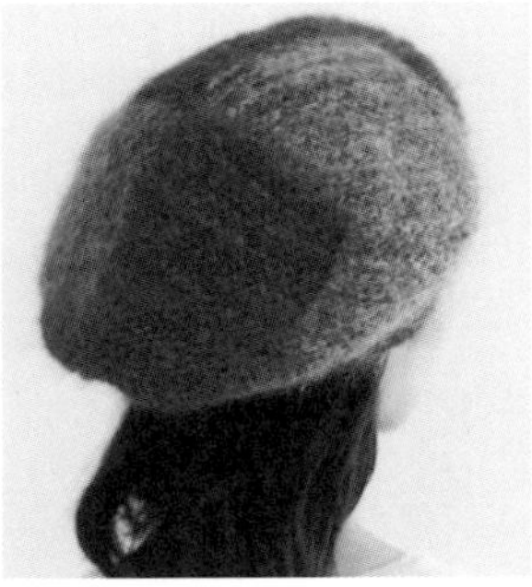

23

第 25 页

●**材料** Ski World Selection Peggy（中粗）紫红色系（105）20g，粉色、米色系（101）18g/各 1 团

●**工具** 棒针 8 号

●**成品尺寸** 头围 52cm 直径约 28cm

●**编织密度** 10cm×10cm 面积内：起伏针 11 针，22.5 行

●**编织要点** 编织第1个织片时，用手指挂线起针法起针，编织17针，接着编织48行起伏针，然后2针以上的减针，做伏针减针。1针时在2针的内侧减针，剩余的7针做伏针收针。编织第2个织片时，在上一个织片的右侧34行起挑17针，织法与第1个织片相同。用同样方法完成第3、4个织片。将第4个织片的右侧第34行，与第1个织片的针目与行对齐缝合。将4个织片相同标记处接合，整理成帽子的形状。帽口部分从织片减针部分起，挑每个织片上的16针，环形编织6圈起伏针，最后编织上针的伏针收针。

24

第 25 页

●**材料** Ski Linea（中粗）紫红色系（14）55g/2 团、蓝紫色系（32）30g/1 团

●**工具** 棒针 10 号

●**成品尺寸** 周长 68cm 宽 34cm

●**编织密度** 10cm×10cm 面积内：下针编织 15 针，24 行（主体）；16 针，25 行（帽身）

●**编织要点** 主体分别另线锁针起针，两端的1针编织起伏针，然后无加、减针编织下针。将编织起点和编织终点织片正面对齐，用盖针接合成环形。换线，在主体织片的胁部挑针，环形做25行下针编织，并做伏针收针。

束发带

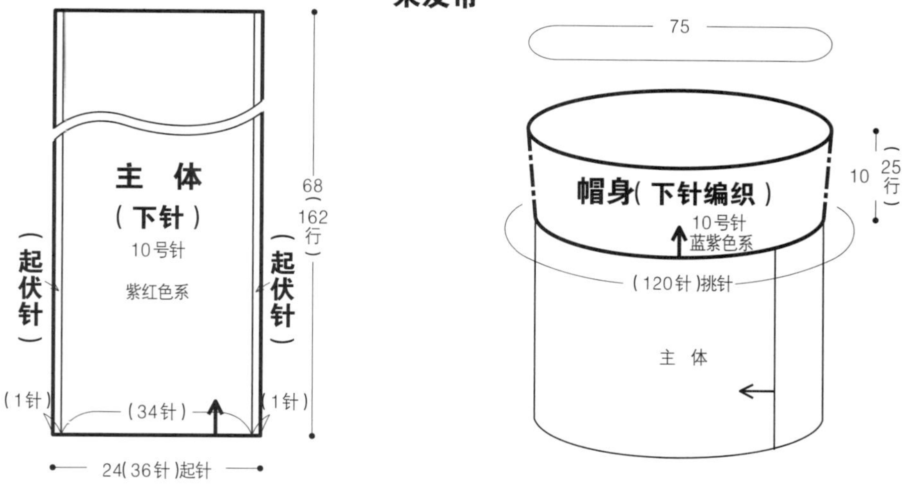

※两端的1针编织起伏针

作品 23 接第 72 页

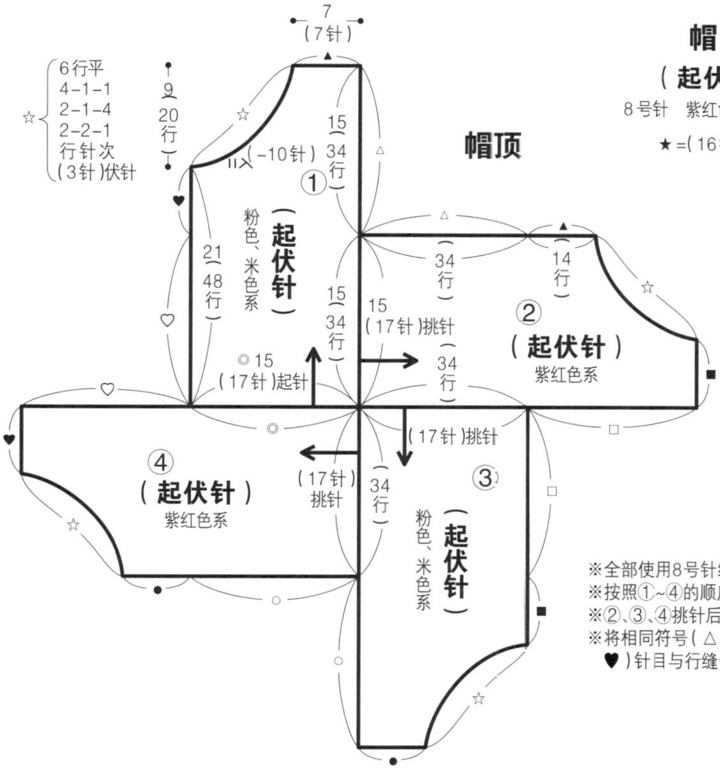

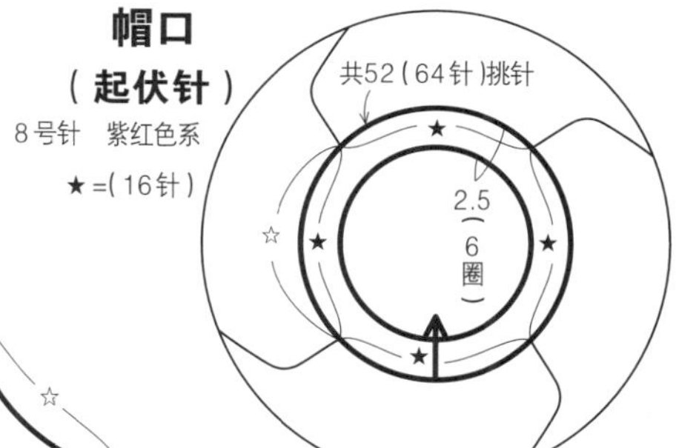

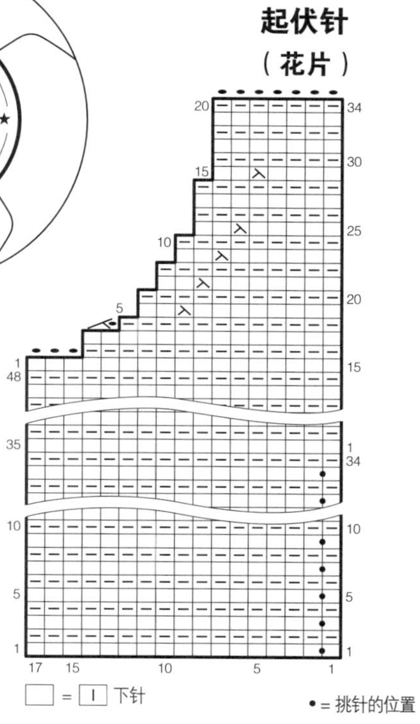

※全部使用8号针编织
※按照①~④的顺序编织
※②、③、④挑针后面与①的编织方法相同
※将相同符号（△、□、○、♡）及（◎、▲、■、●、♥）针目与行缝合，缝合时使用粉色、米色系线

19

第21页

●材料 Ski World Selection Fano（粗）蓝色系（1109）255g/7团

●工具 棒针8号

●成品尺寸 胸围96cm 衣长57cm 连肩袖长38cm

●编织密度 10cm×10cm面积内：下针编织16针，24行

●编织要点 肩部用手指挂线起针法起3针，横向编织。斜肩在侧边2针的内侧做扭针加针，袖窿部分卷针加针，胁部分别另线锁针挑63针。领子也另线锁针编织25针，身片和下摆同时编织。领子左、右3处做引返编织，在麻花针的边缘引返编织，不在滑针上，只在挂针上编织。领窝下面身片侧立起侧边1针加、减。领子和胁部的编织终点不收针，袖窿做伏针，斜肩立起2针减针。前、后领子和胁部盖针接合，肩部挑针缝合。袖口分别另线锁针起针，做编织花样B"，盖针接合成环形，袖窿的针目与行缝合。

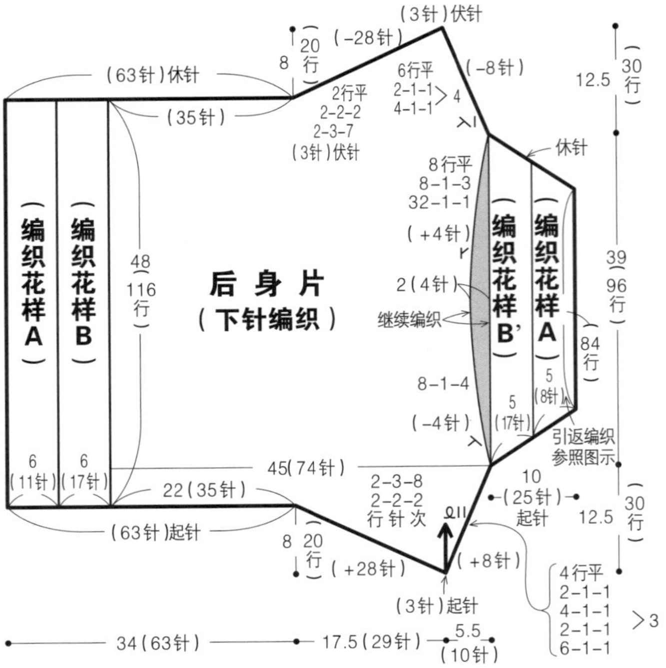

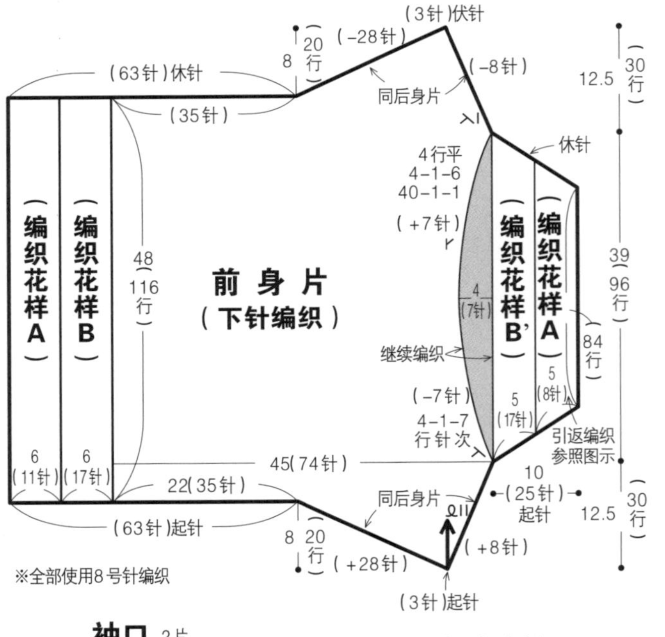

※全部使用8号针编织

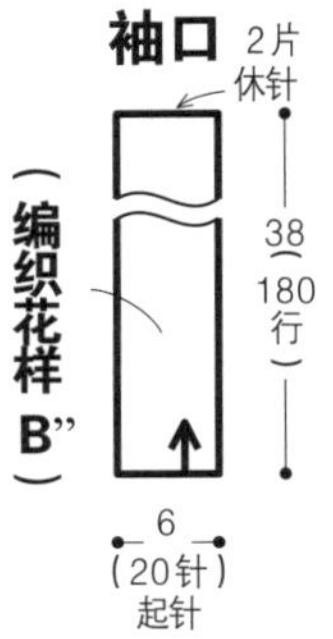

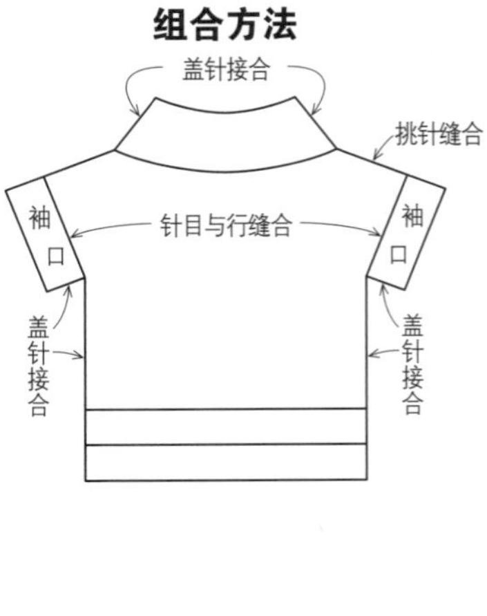

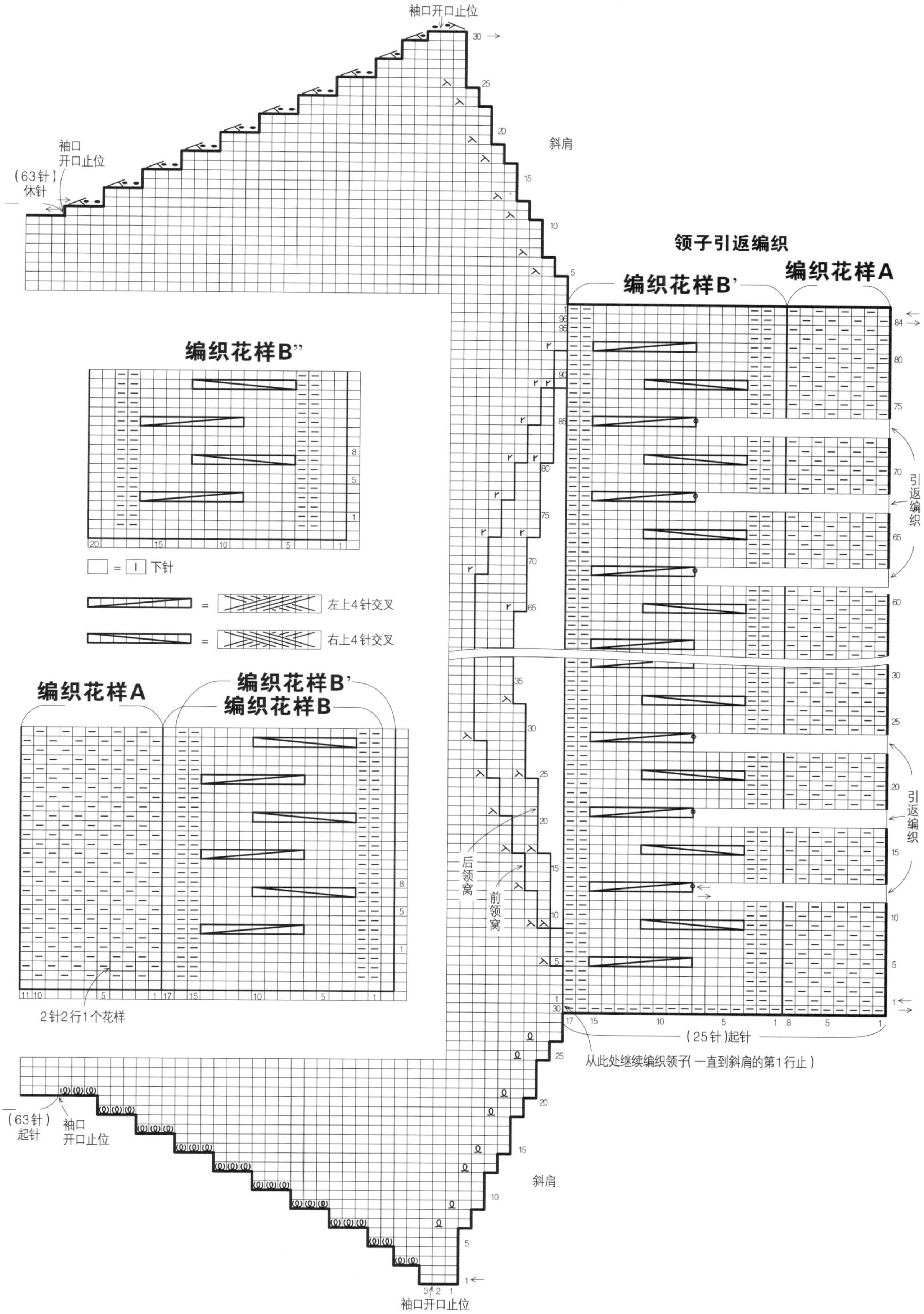
袖口开口止位
斜肩
袖口
开口止位
(63针)
休针
领子引返编织
编织花样B'
编织花样A
编织花样B"
= 下针
= 左上4针交叉
= 右上4针交叉
编织花样A
编织花样B'
编织花样B
2针2行1个花样
引返编织
引返编织
后领窝
前领窝
(25针)起针
从此处继续编织领子(一直到斜肩的第1行止)
(63针)
起针
袖口
开口止位
斜肩
袖口开口止位

20

第 22 页

●**材料** Ski Clement（中粗）米色、橙色系（2301）380g/13 团、直径 1.5cm 的纽扣 4 颗

●**工具** 钩针 6/0 号

●**成品尺寸** 宽 59cm 衣长 72.5cm（含流苏）连肩袖长 29.5cm

●**编织密度** 10cm×10cm 面积内：编织花样 23 针，15 行

●**编织要点** 起265针锁针，挑第1行锁针的里山，无加、减针横向做编织花样。将上一行的锁针整段挑起。领子开口处的左、右两侧分别参照图示编织3行，然后再同时编织，最后在相同针目上做边缘编织A，在前身片2处做纽襻。编织起点侧同样做边缘编织A，领子环形挑针编织短针，第3行编织3针锁针的狗牙拉针。下摆编织边缘编织B，在最后一行的线圈上前、后各装饰32根流苏。

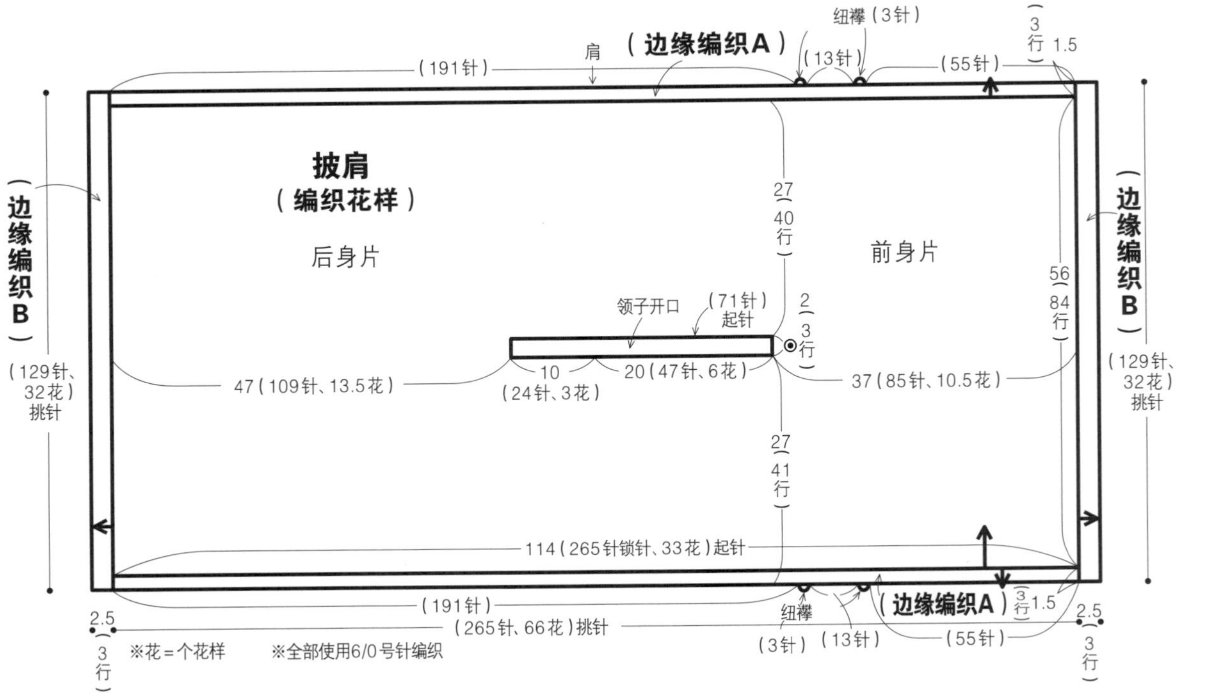

编织花样

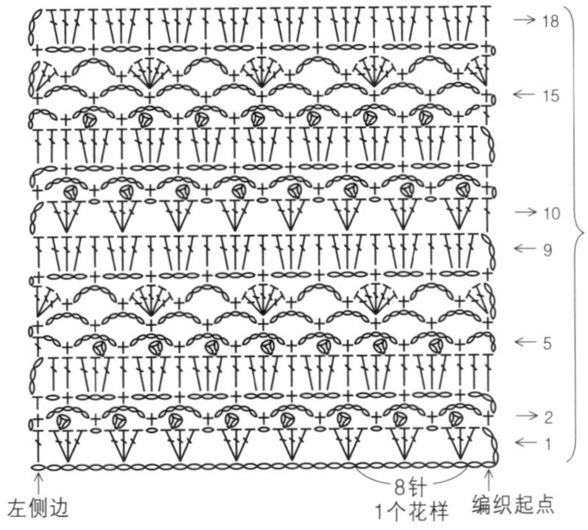

纽襻（右侧）

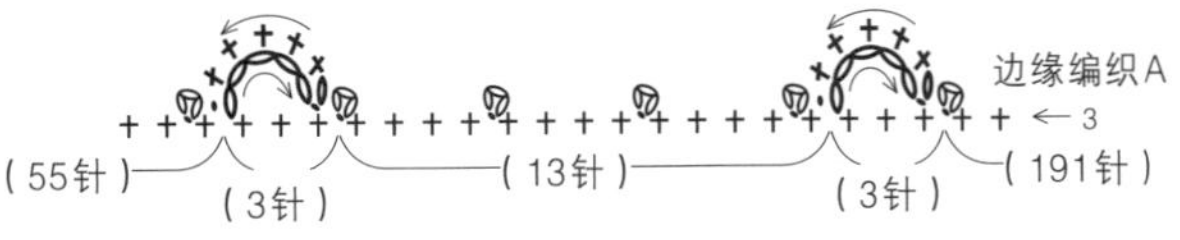

边缘编织A

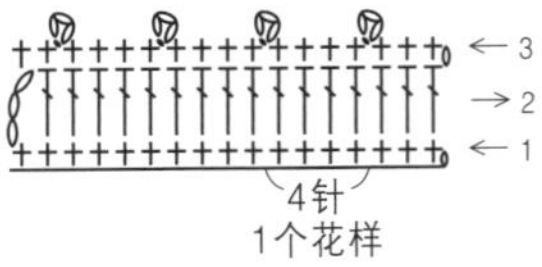

领子开口

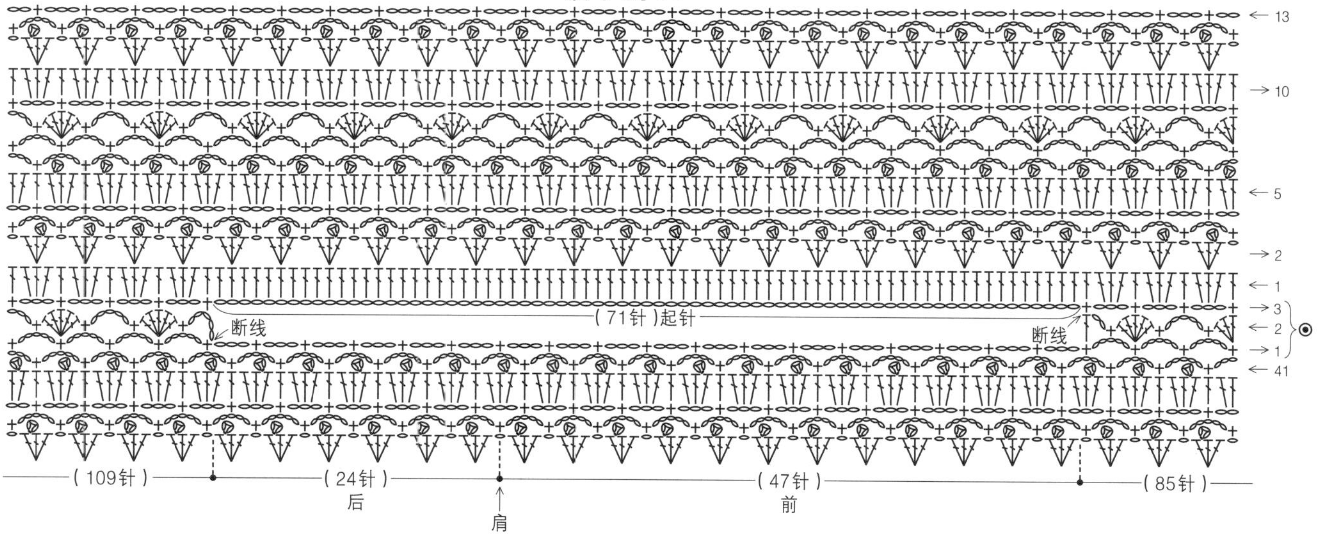

领子（边缘编织C）

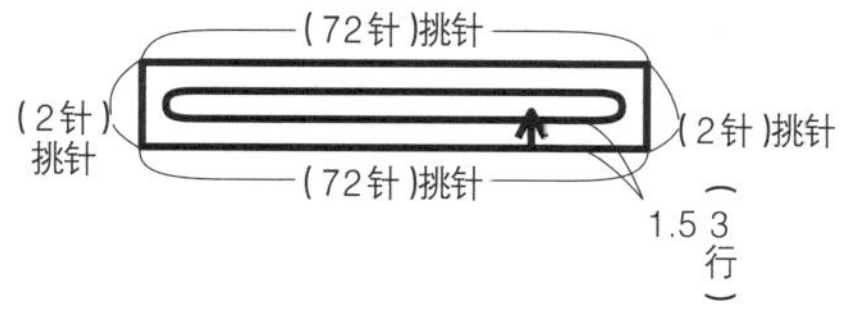

边缘编织C（领子）

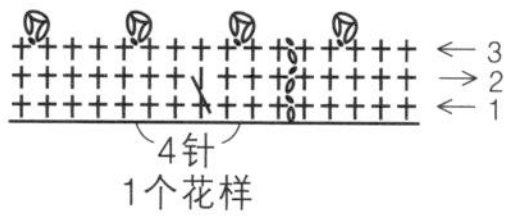

流苏

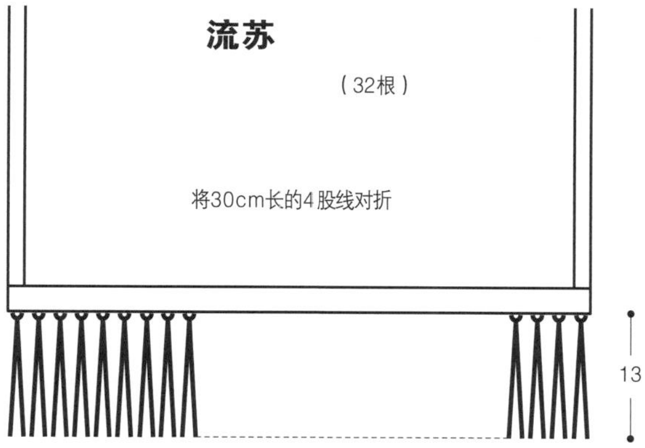

※另一面也做同样处理

边缘编织B

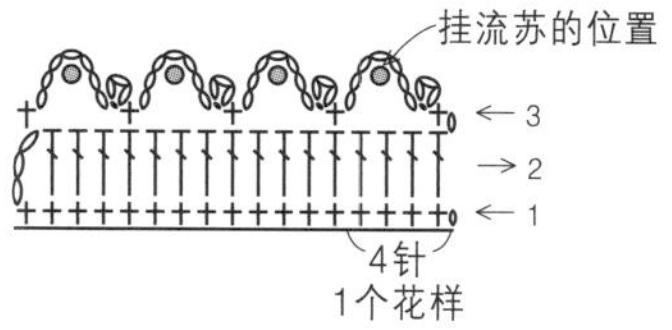

变化的3针中长针的枣形针

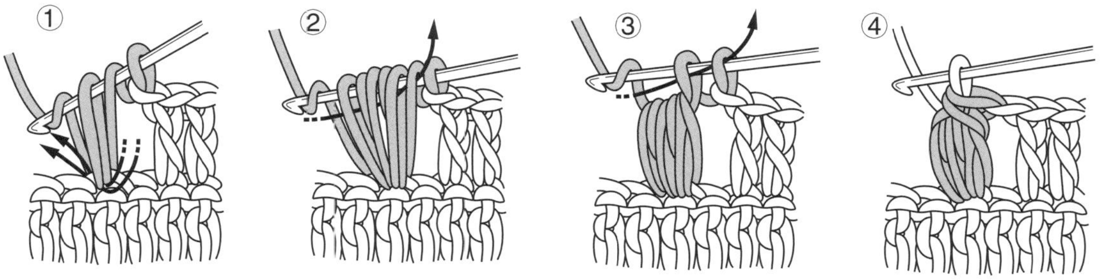

① 在钩针上挂线，在1针里钩入3针未完成的中长针。

② 在钩针上挂线，一次引拔穿过钩针上的6个线圈。

③ 在钩针上挂线，引拔穿过剩下的2个线圈。

④ 调整一下针目头部，完成。

21

第 23 页

●**材料** Ski Clement（中粗）浅茶色、橙色系（2304）背心：230g/8 团 短围巾：60g/2 团

●**工具** 棒针 7 号 钩针 5/0 号

●**成品尺寸** 背心：胸围 100cm 衣长 51cm 连肩袖长 30.5cm；短围巾：100cm × 11cm

●**花片 A 的大小** 10cm × 11cm

●**编织密度** 短围巾 10cm × 10cm 面积内：双罗纹针 32 针，25 行

●**编织要点**

背心：花片A的中心起5针锁针连接成环，在第1行编织9针短针，第2行至第6行参照图示编织成六瓣花片。从第2个花片到最末行，按图示连接花片，编织7针长针中的3针，然后抽出针，在另外一个花片的长针头部处入针，将线引拔钩出编织中心的第4针长针。领窝的花片B编织成五瓣花片，注意编织时方向的变化。领窝和袖窿处编织短针的条纹针，在编织袖窿部分2针并1针时要注意。下摆的花片不做处理。

短围巾：共线锁针起针，挑起里山，编织双罗纹针，最后根据上、下针做伏针收针。两端分别重叠 4cm 后缝合固定花片。

前、后身片（连接花片）

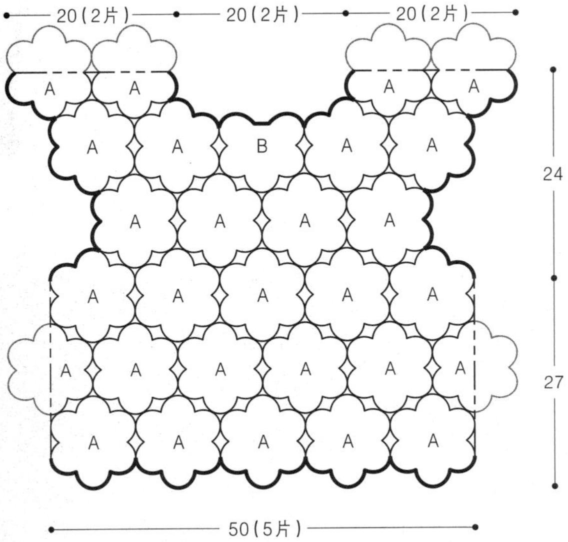

※全部使用5/0号针编织

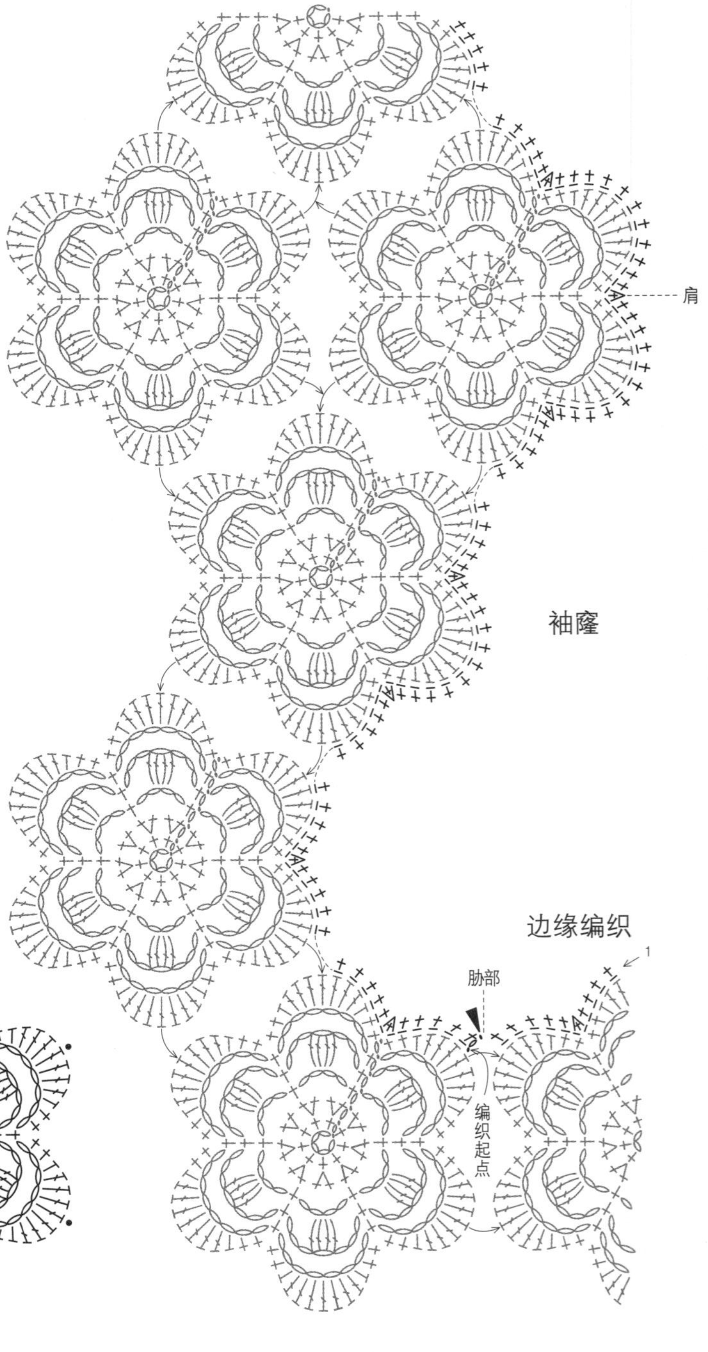

▶ = 断线

花片A

背心（50片）
短围巾（2片）

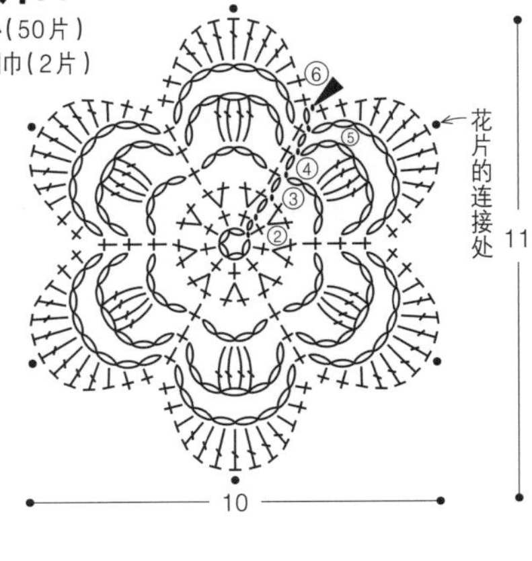

花片B

背心（2片）

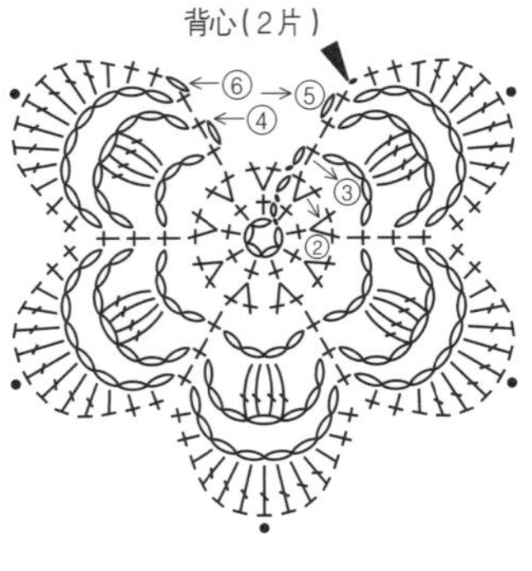

领子、袖窿（边缘编织）

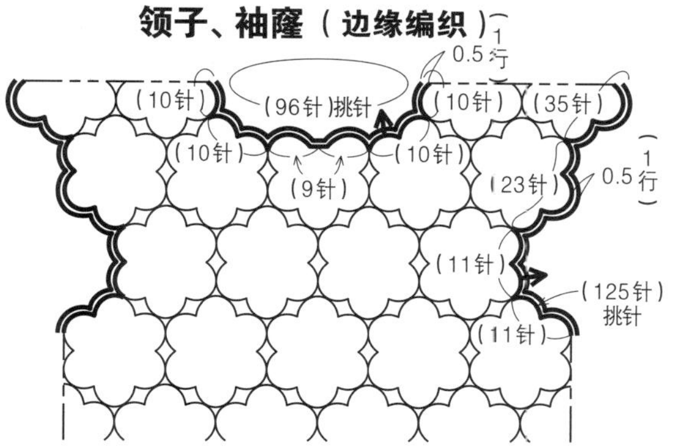

花片的缝合方法

将花片重叠放在距短围巾两端边缘4cm处缝合固定

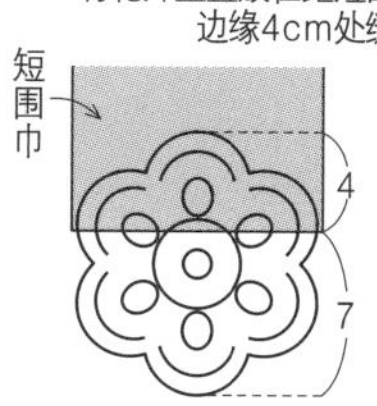

22

第 24 页

●**材料** Ski World Selection Peggy（中粗）黄色系（102）175g/7 团

●**工具** 棒针 8 号、9 号、10 号 钩针 8/0 号、7/0 号

●**成品尺寸** 胸围 104cm 衣长 66cm 连肩袖长 31cm

●**编织密度** 10cm×10cm 面积内：编织花样 16 针，16 行（8 号）、14.5 针，14 行（10 号）

●**编织要点** 用手指挂线起针法起针，整体做编织花样，通过换针的号数，调整织片密度，使下摆做出褶皱效果。袖下做卷针加针，然后继续无加、减针编织。领窝的减针，2针以上做伏针减针，1针时立起侧边的1针减针。前、后肩部盖针接合，胁部正面相对对齐，引拔接合。下摆和袖口做边缘编织，领子编织4行短针。

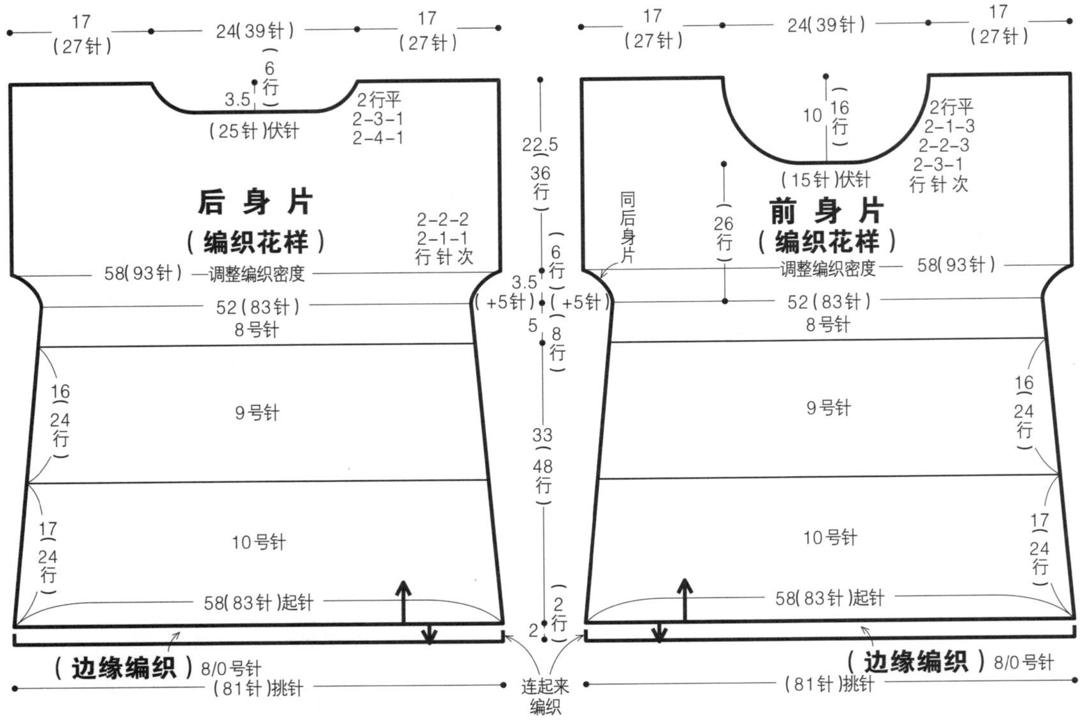

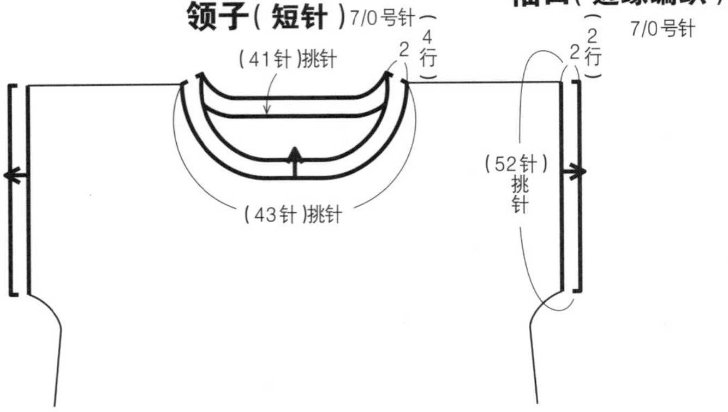

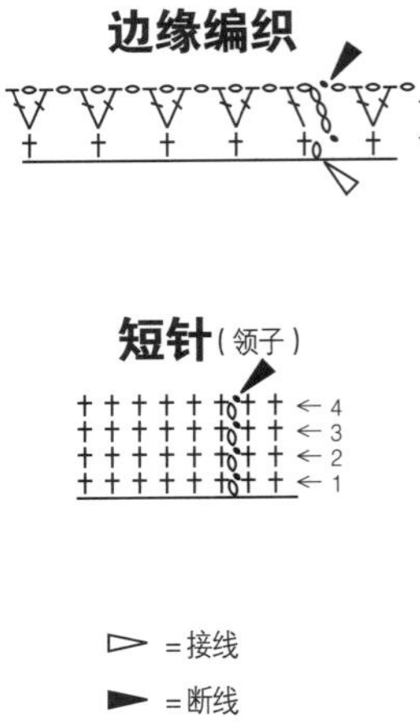

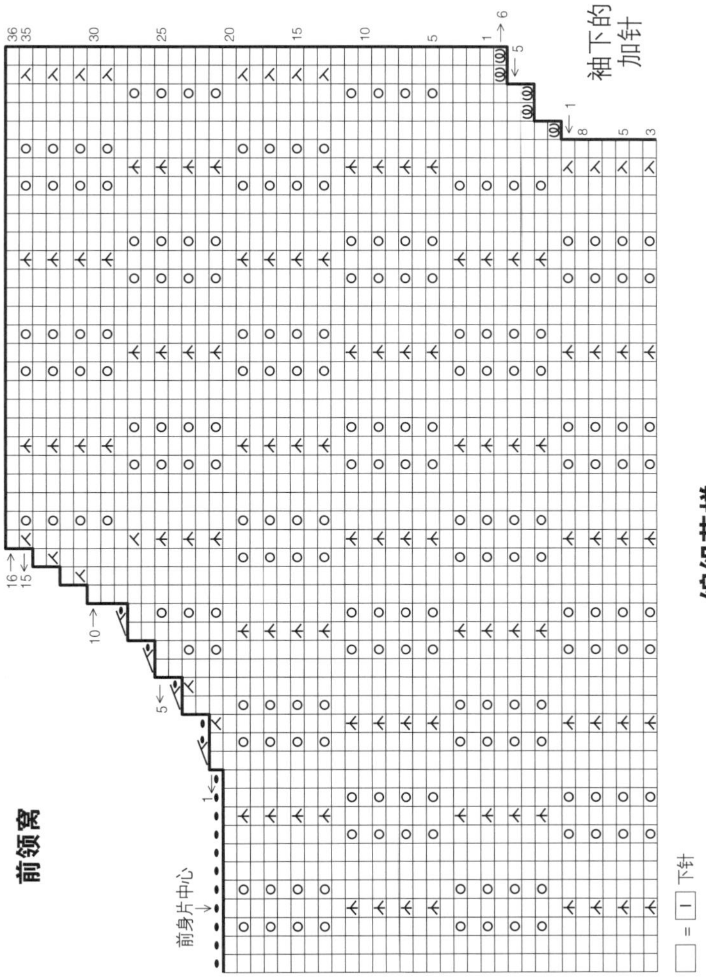
袖下的加针
前领窝
前身片中心
□ = □ 下针

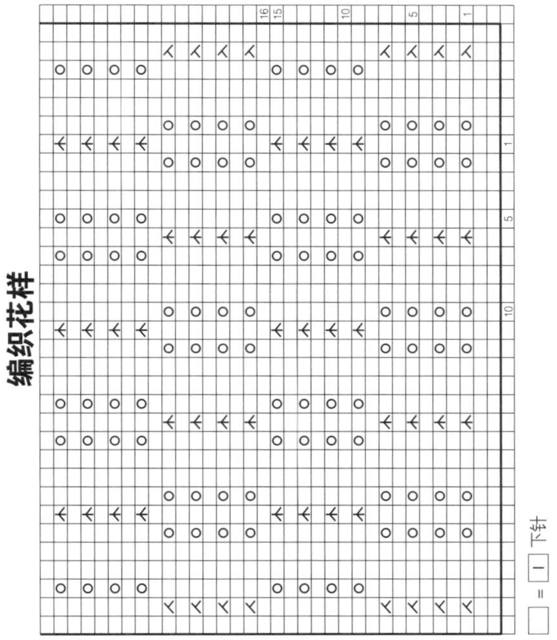
编织花样
□ = □ 下针

作品 26　接第 82 页

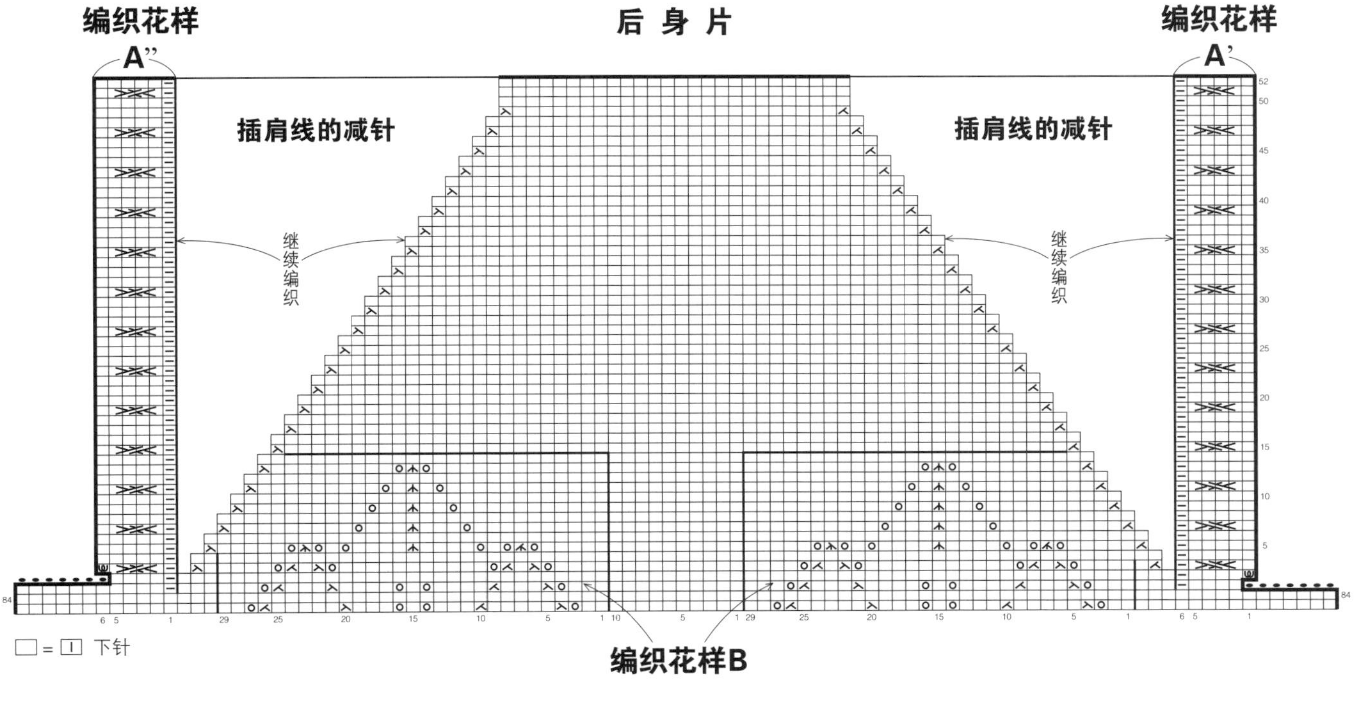
编织花样
A''
后身片
编织花样
A'
插肩线的减针
插肩线的减针
继续编织
继续编织
□ = □ 下针
编织花样B

26

第 28 页

●**材料** Ski Twin Merino（粗）蓝绿色（2808）500g/13团、直径2.5cm的纽扣 1颗

●**工具** 棒针 7 号、5 号

●**成品尺寸** 胸围 98cm 衣长 52.5cm 连肩袖长 70cm

●**编织密度** 10cm×10cm 面积内：下针编织 20 针，27 行

●**编织要点** 后身片用手指挂线起针法起针，编织起伏针，然后做下针编织，参照图示做编织花样A、B。袖窿编织7针伏针后，缝合部分编织1针卷针加针，插肩线减针时，将编织花样A和A’立起来。前身片与后身片的编织方法相同，前门襟的4针起伏针一起编织。袖下侧边1针内侧做扭针加针。插肩线、袖下及胁部挑针缝合，袖窿的减针做下针编织。领子编织起伏针，右前门襟留出扣眼，最后均匀减针并做伏针收针。

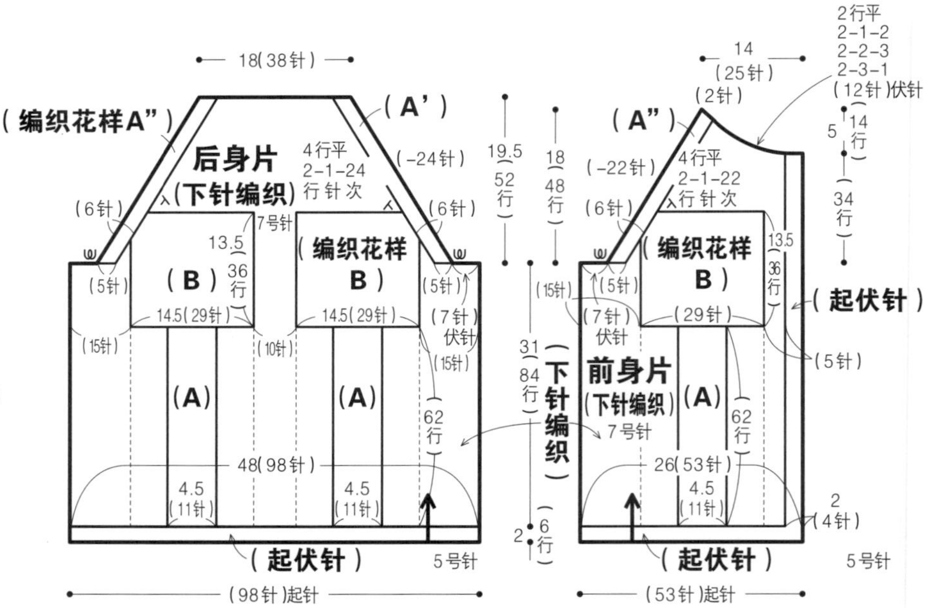

编 织 花 样

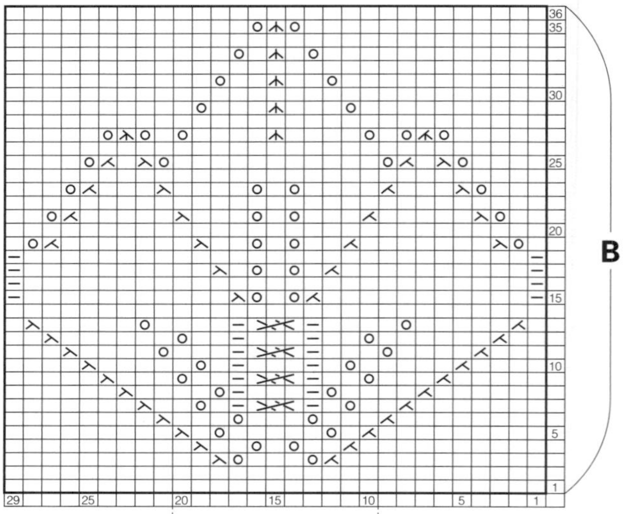

□=□ 下针

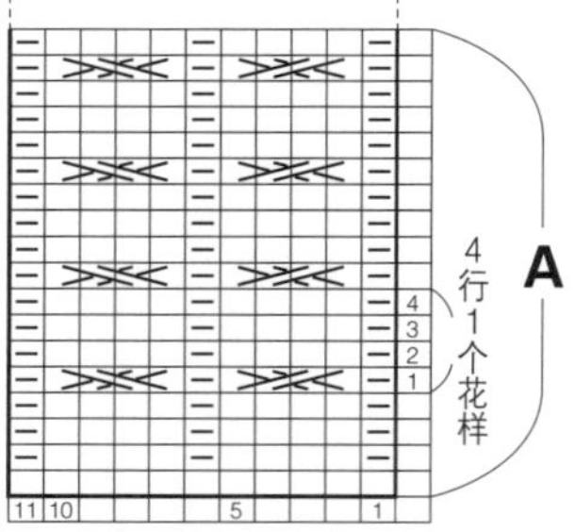

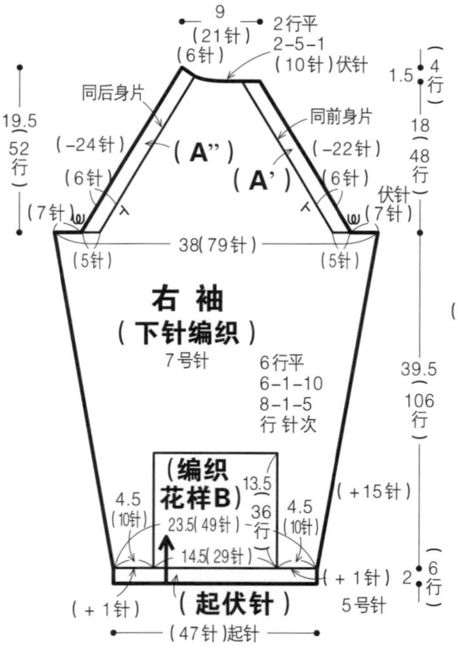

※左袖和右袖对称编织

领子（起伏针）

5号针

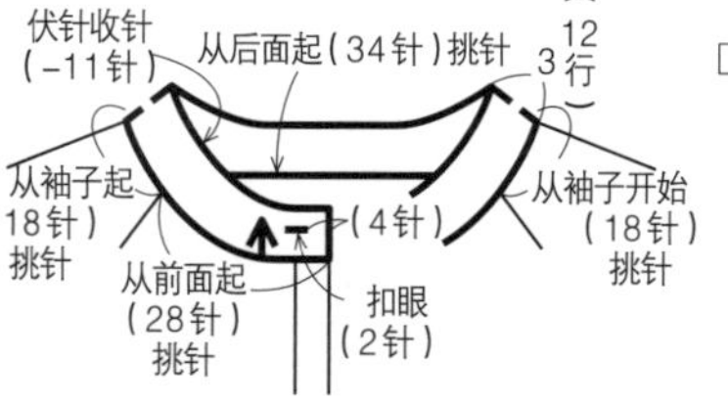

扣眼（右领口）

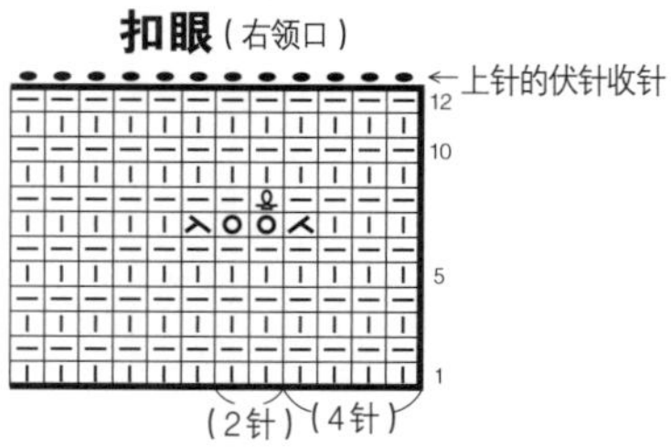

→插肩线的编织方法见第 81 页

30

第 32 页

●**材料** Ski 风花（中细）灰绿色（2004）370g/13 团、直径 1.5cm 的纽扣 4 颗

●**工具** 棒针 5 号

●**成品尺寸** 胸围 107.5cm 衣长约 79cm 连肩袖长 55.5cm

●**编织密度** 10cm×10cm 面积内：编织花样 A 27 针，33 行；编织花样 C 27 针，32.5 行

●**编织要点** 右前身片的下摆用手指挂线起针法起针，编织单罗纹针，并做编织花样 A，领子和前门襟的编织花样 B 连接在一起编织。在右前门襟上留出扣眼。在编织过程中从编织花样 A 过渡到编织花样 A' 完成育克部分，休针。用同样的方法编织左前身片，编织完成后正面相对对齐，引拔接合。从后身片的育克部分挑针，向下摆方向做编织花样 C，无加、减针。下摆的单罗纹针一边编织上、下针，一边做伏针收针。袖子在前、后身片的指定位置挑针，向袖口方向做编织花样 C，袖下在侧边 1 针内侧减针，袖口编织单罗纹针。编织终点与下摆的方法相同。袖下挑针缝合。胁部的缝合与身片的编织方向有所不同，需要注意。

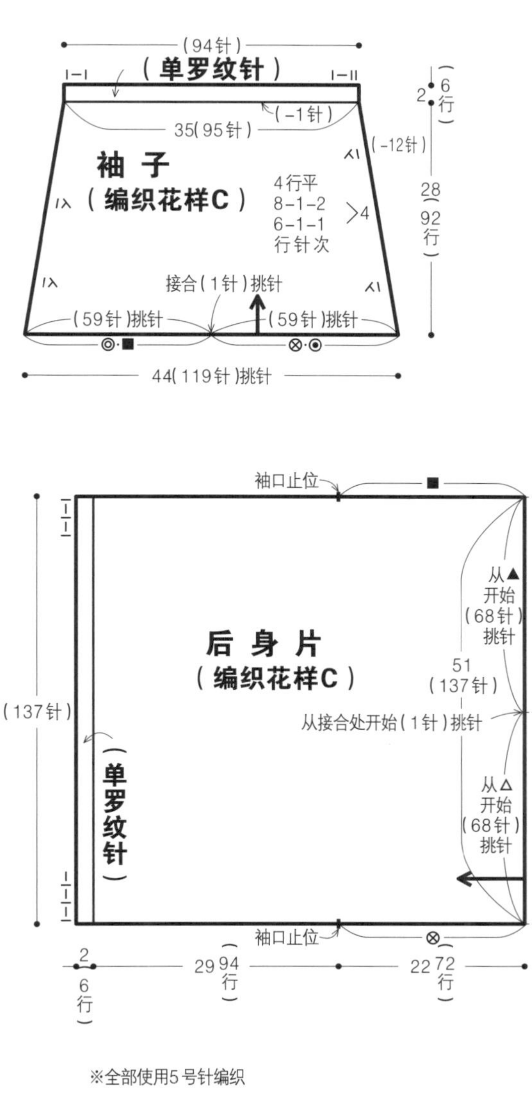
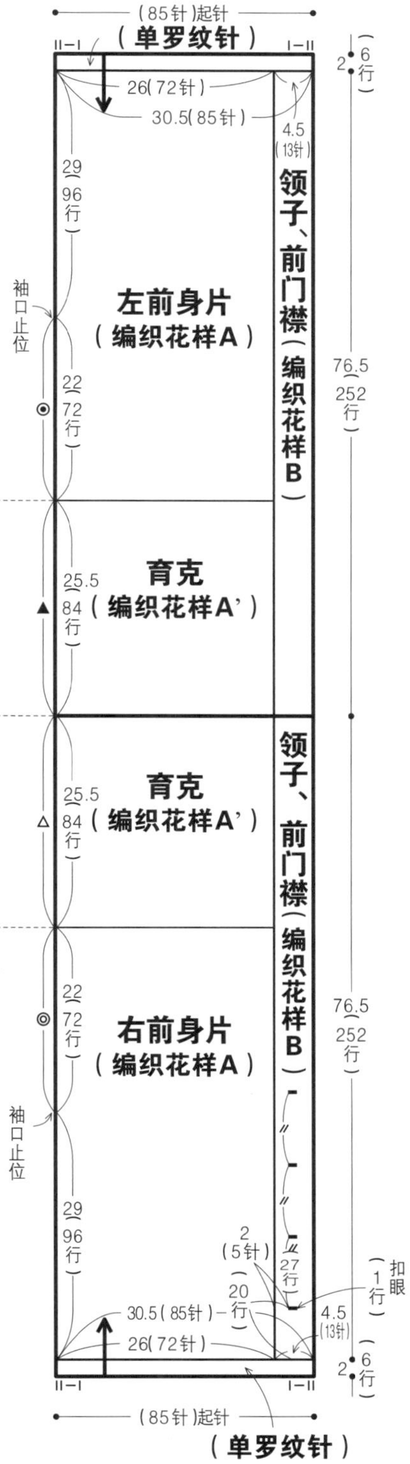

→编织花样图见第 85 页

29a、b

第 31 页

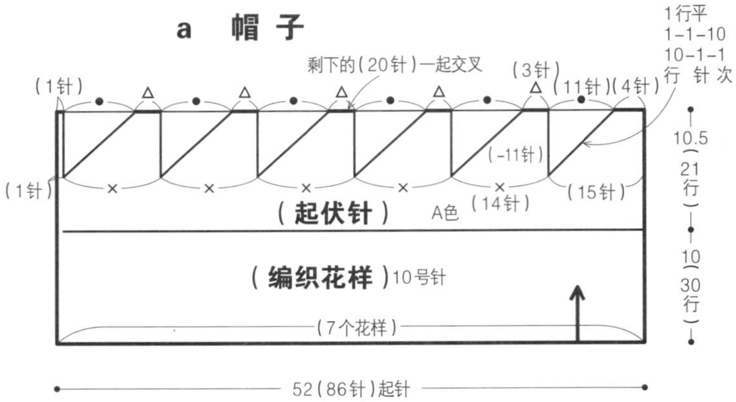

●**材料** Ski World Selection Bluno(粗)帽子:酒红色(509)40g、浅茶色(512)15g/各1团;围巾:酒红色75g、浅茶色80g/各2团

●**工具** 帽子:棒针10号 围巾:棒针12号

●**成品尺寸** 帽子:头围52cm 深20.5cm 围巾:宽25cm 长136cm

●**编织密度** 10cm×10cm面积内:(帽子)起伏针16针,20行;编织花样16.5针,30行;(围巾)编织花样A 15针,24行;编织花样B 15针,23.5行

●**编织要点**

帽子:帽口处用酒红色(A色)线用手指挂线起针法起针,每2行换线做往返编织花样。然后用A色线编织起伏针,帽顶的6处做立针减针,留出40cm的线剪断,两端挑针缝合。将线穿过剩余的20针,抽紧。

围巾:用浅茶色(A色)线用手指挂线起针法起针,每2行换线做编织花样A和编织花样B,最后用A色线做伏针收针。

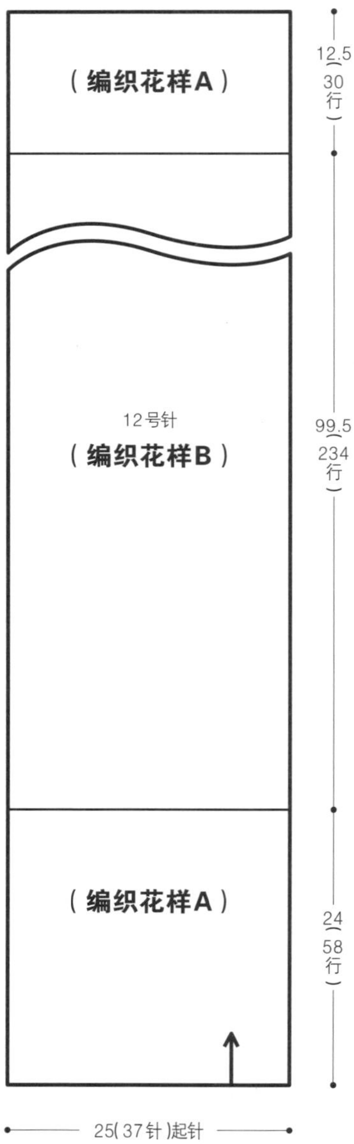

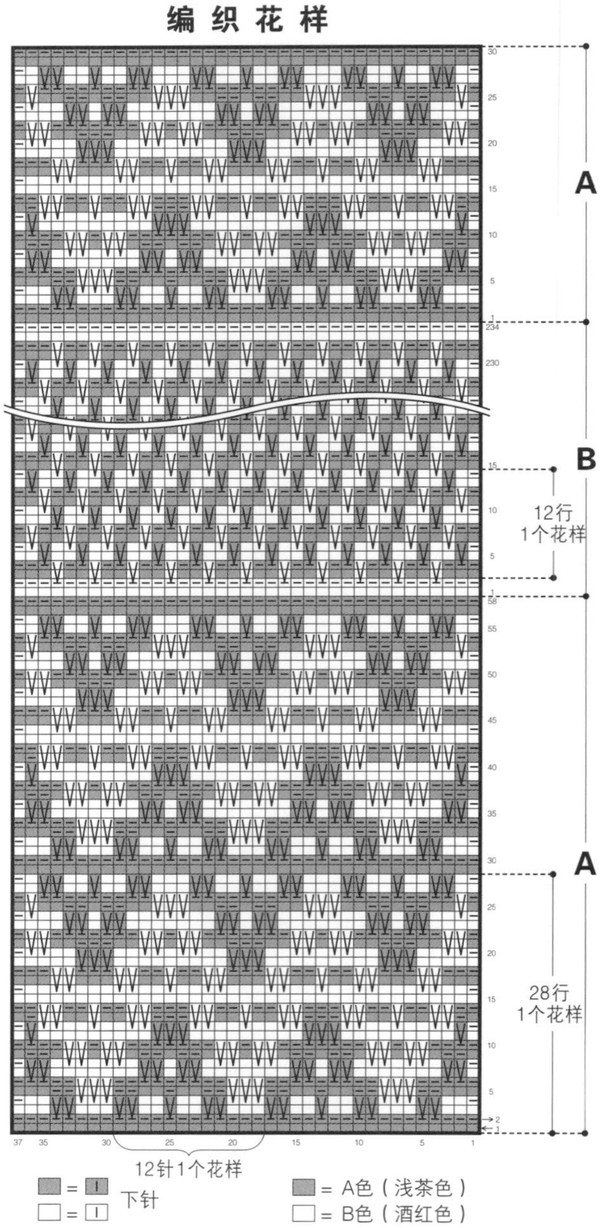

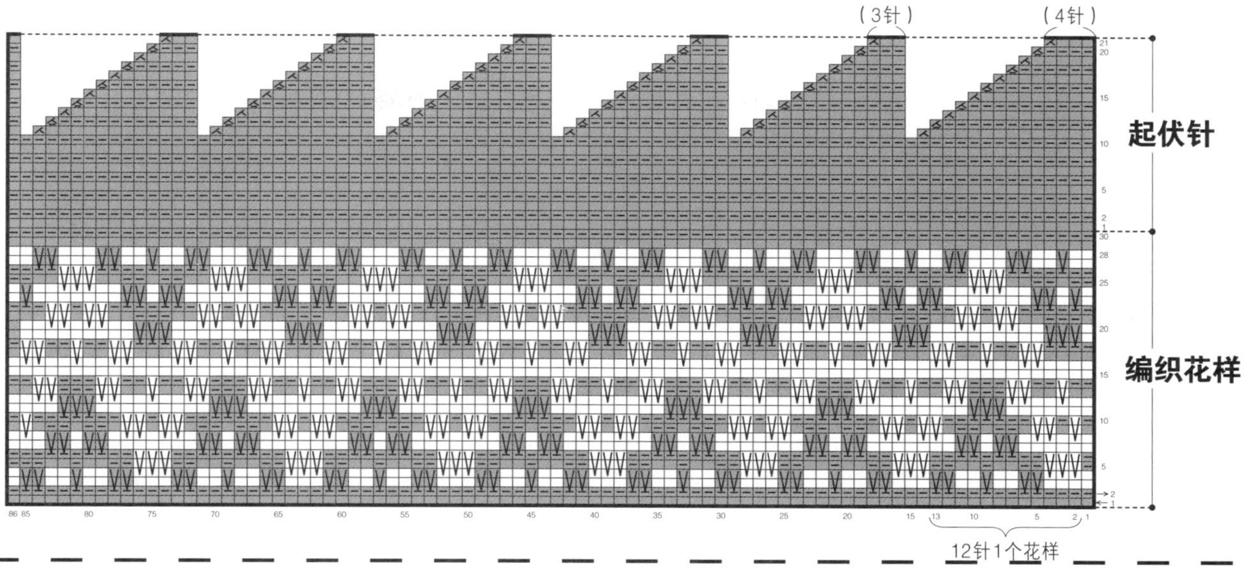

= 下针

= A色（酒红色）

= B色（浅茶色）

作品30 接第83页

编织花样C

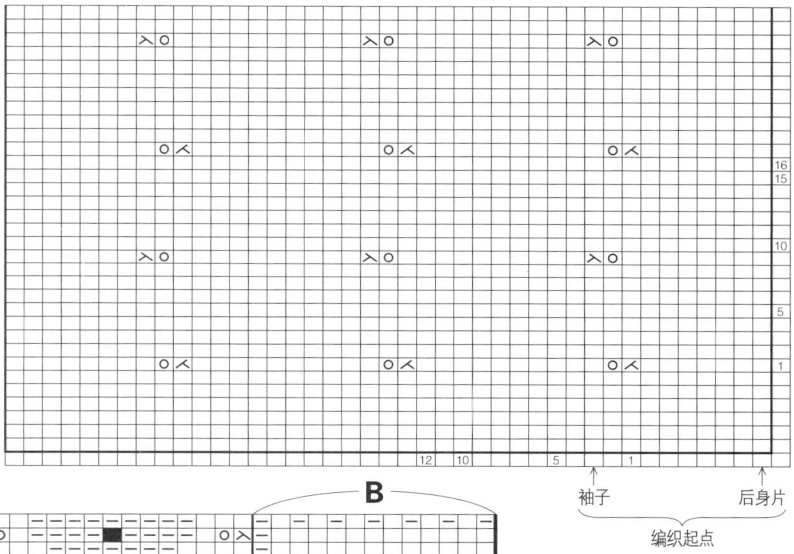

□ = 下针

■ =

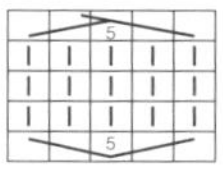

※编织花样A'
将■变为—

编织花样A

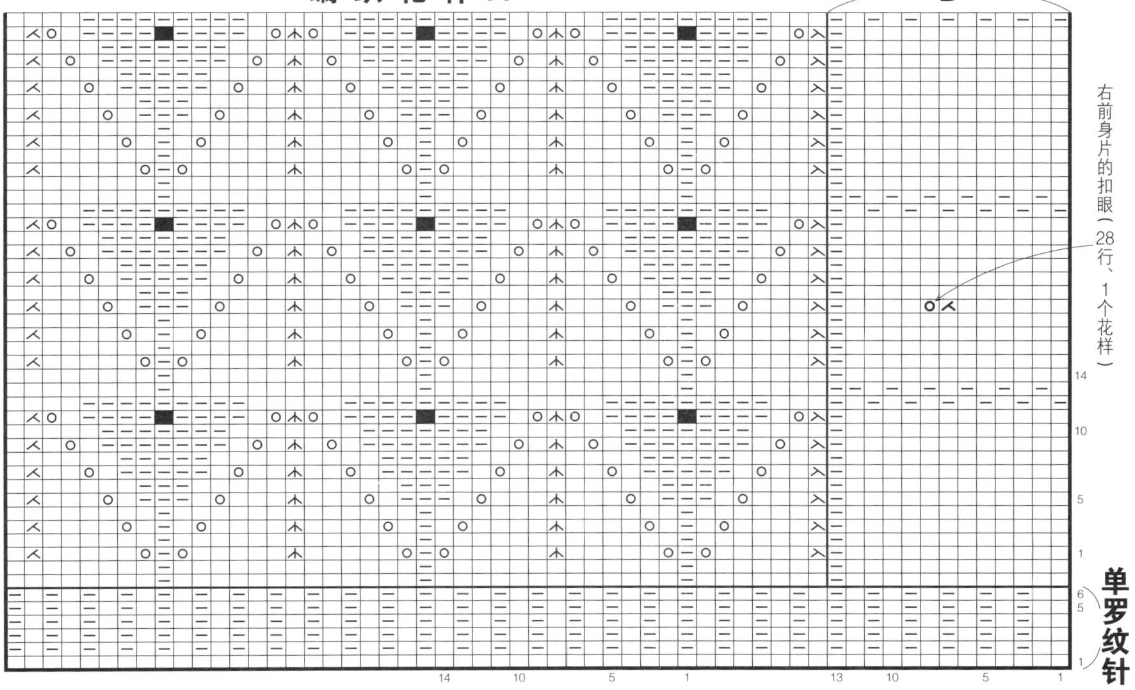

25

第 27 页

●**材料** Ski Twin Merino（粗）原白色（2801）235g/6团、深灰色（2815）150g/4团、浅灰色（2802）145g/4团、直径2.5cm的纽扣 5颗

●**工具** 棒针10号、9 号、8 号

●**成品尺寸** 胸围 99.5cm 衣长 56cm 连肩袖长 67.5cm

●**编织密度** 10cm×10cm面积内：编织花样A 23针，16行；编织花样B 23针，20行；编织花样C 20.5针，23.5行

●**编织要点** 前、后身片分别另线锁针起针，做编织花样A、B，注意用线的颜色及配色变化。穿入编织花样A的针，拆开上一行绕线编并拉长交叉。胁部的加针做卷针加针，领窝编织伏针和1针时立起侧边1针减针。下摆拆开另线锁针挑针，做边缘编织条纹花样A，做上针的伏针收针。前、后肩盖针接合。在身片上挑针做编织花样C完成袖子。袖下立起侧边1针减针。继续编织袖口。领子和前门襟做边缘编织条纹花样A，为了做出前门襟的厚度，在两端第9行减针处的侧边1针向反面折，右前门襟留出扣眼。胁部和袖下挑针缝合。

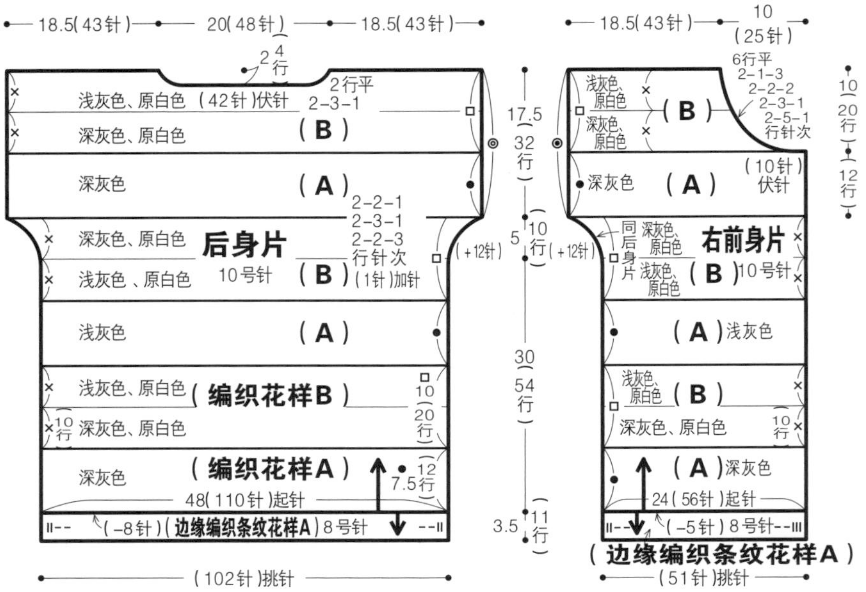

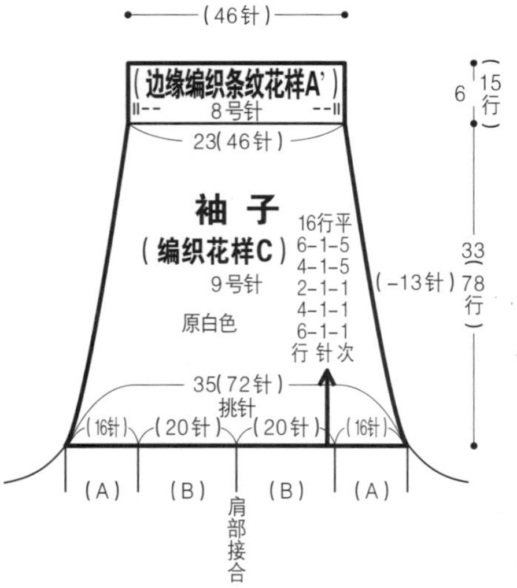

边缘编织条纹花样A

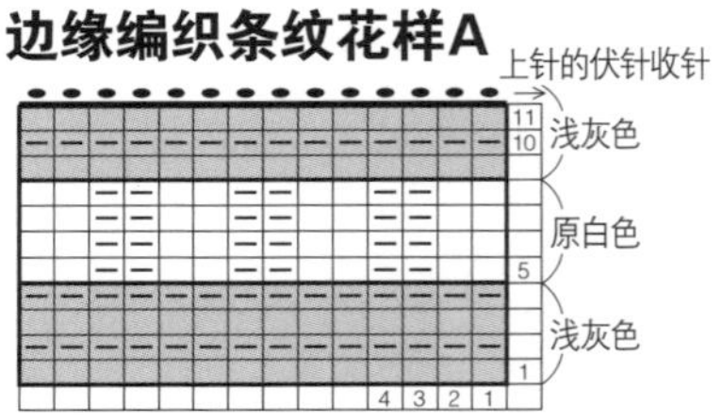

□ = ⊡ 下针

边缘编织条纹花样A'

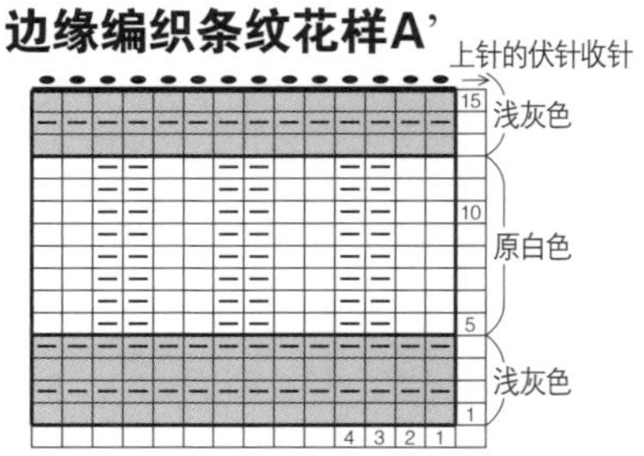

□ = ⊡ 下针

编织花样A

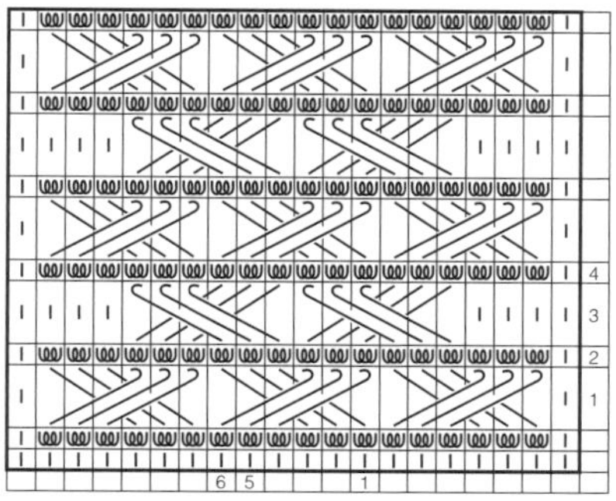

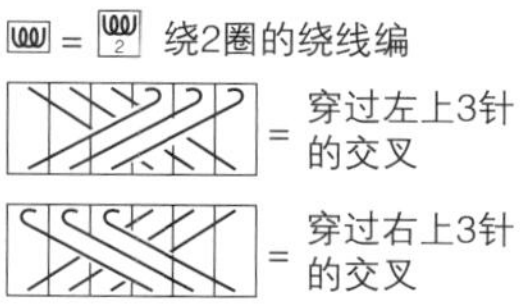

编织花样B

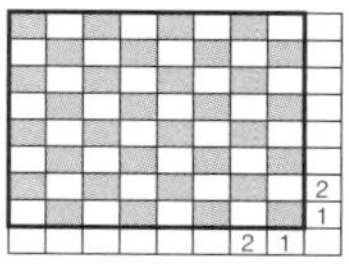

□、▩ = ▯ 下针
□ = 原白色
▩ = 浅灰色或深灰色

编织花样C

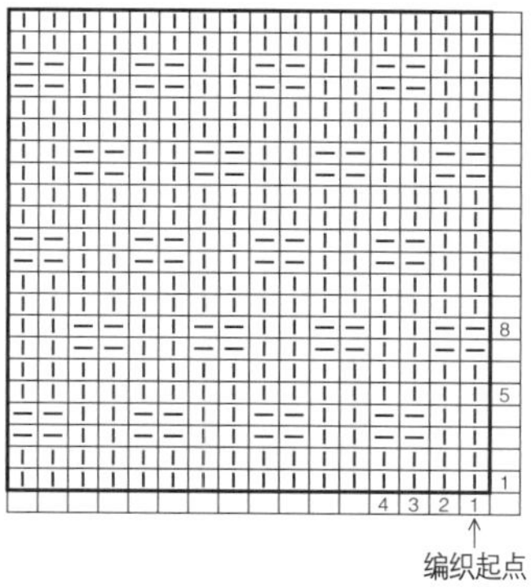

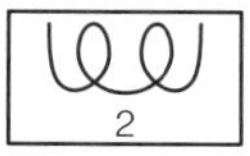

绕线编（绕2圈）…在本作品中，织片反面朝上编织

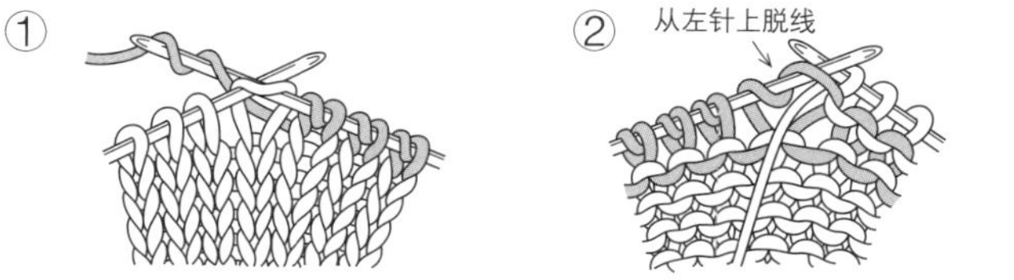

将线拉出的同时，在右针上绕线2圈。

按照普通的方法编织，将绕在针上的线脱下。

穿过针目交叉

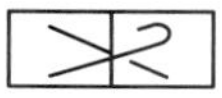

穿过左针的交叉

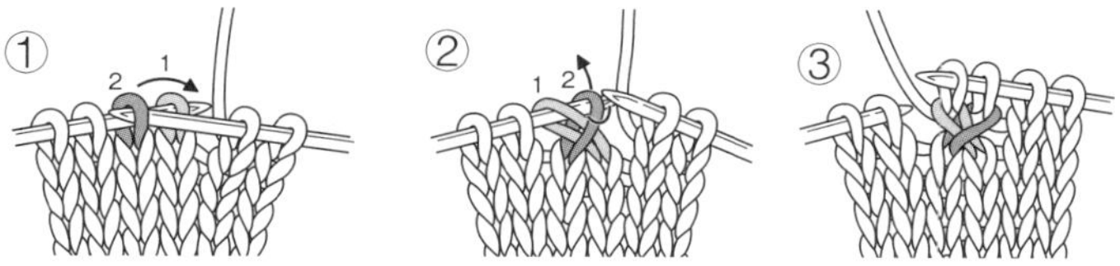

穿过右针的交叉

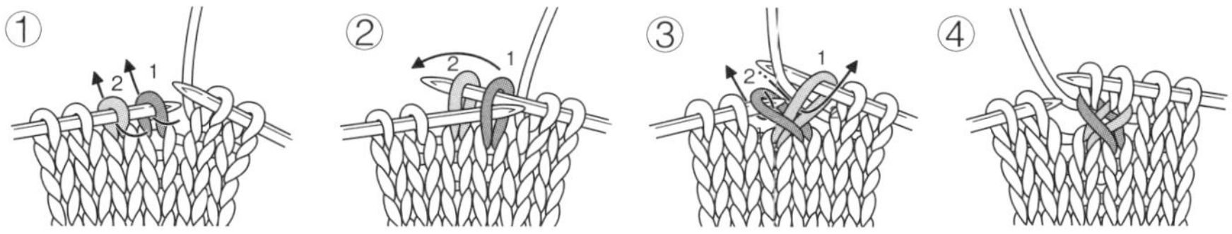

扣眼（右前门襟）

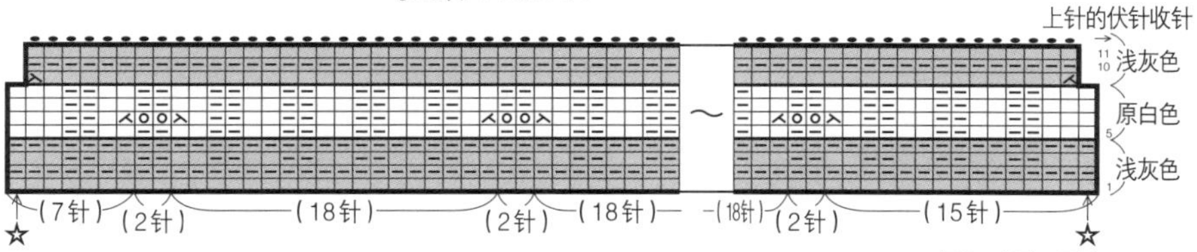

☆…从伏针起挑针向反面折后藏针缝缝合

※用白色线在扣眼处卷针缝缝合

□ = ▯ 下针

领子、前门襟

（边缘编织条纹花样A）8号针

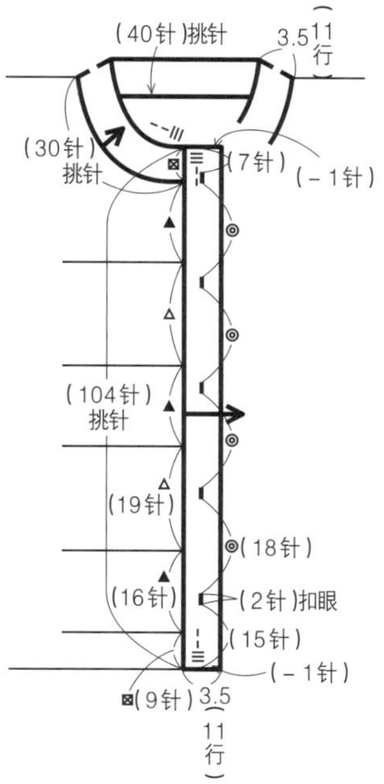

27

第 29 页

●**材料** Ski Mooya（中粗）蓝灰色系（2904）250g/9团、珊瑚粉色系（2903）135g/5团、直径1.8cm的纽扣 6颗

●**工具** 棒针 5 号、4 号、3 号

●**成品尺寸** 胸围116cm 衣长62cm 连肩袖长66.5cm

●**编织密度** 10cm×10cm面积内：下针编织19.5针，29行；编织花样25.5针，29行；起伏针23.5针，35行

●**编织要点** 后身片分别另线锁针起针，参照图示做编织花样及下针编织。袖窿的减针2针以上做伏针减针，1针时立起侧边的1针减针；加针时在侧边2针内侧做扭针加针。斜肩继续做引返编织。前身片与后身片的编织方法相同，在编织花样前的边缘10针渡线，用另色线编织配色花样；领窝的减针是在内侧。前、后肩部盖针接合；袖子从袖窿位置挑针，做下针编织条纹花样；袖下立起侧边2针减针，袖口编织双罗纹针加针。接上、下针做伏针收针。后身片的正面朝上挑针编织双罗纹针后面的领子，在侧边3针内侧做扭针加针，最后编织伏针收针。编织前面的领子时，将后面的领子正面朝上，编织起伏针，最后的13针编织稍紧的伏针收针。将前面的领子边缘挑针缝合在身片上，前门襟编织双罗纹针，将上端与前面领子卷针缝缝合。将袖子的22行与身片的针目与行对齐后缝合，袖下挑针缝合。

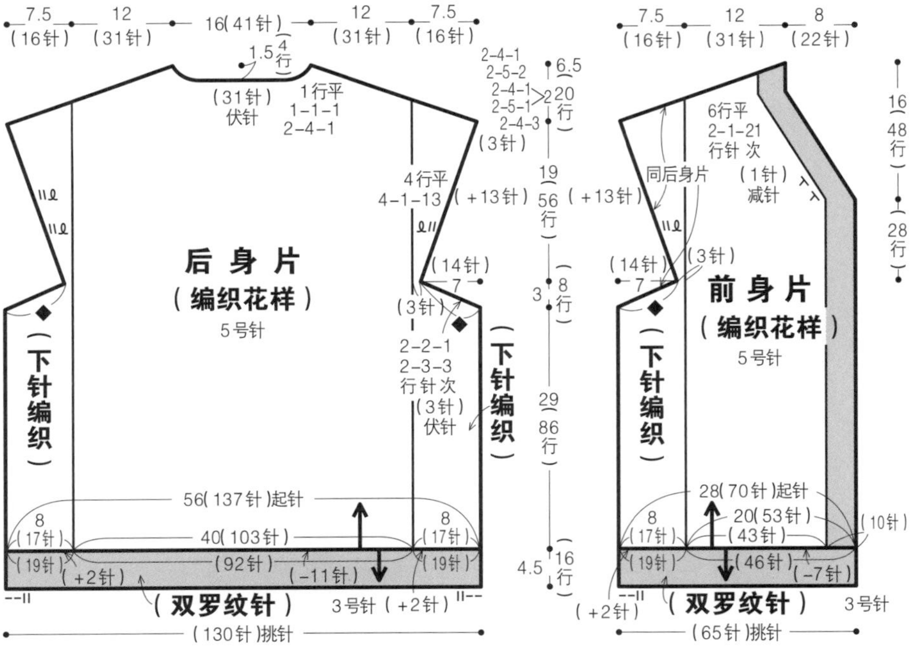

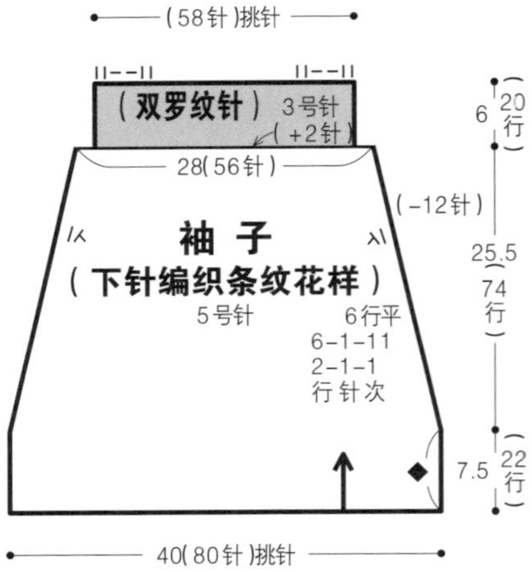

下针编织条纹花样

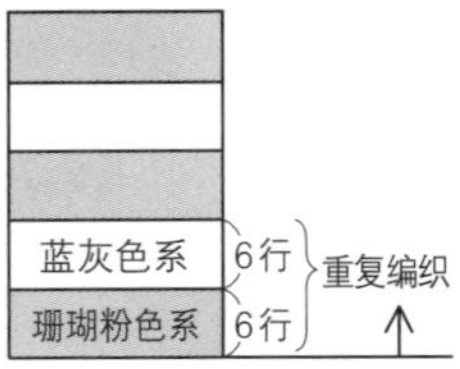

配色

□ = 蓝灰色系

■ = 珊瑚粉色系

扣眼（右前门襟）

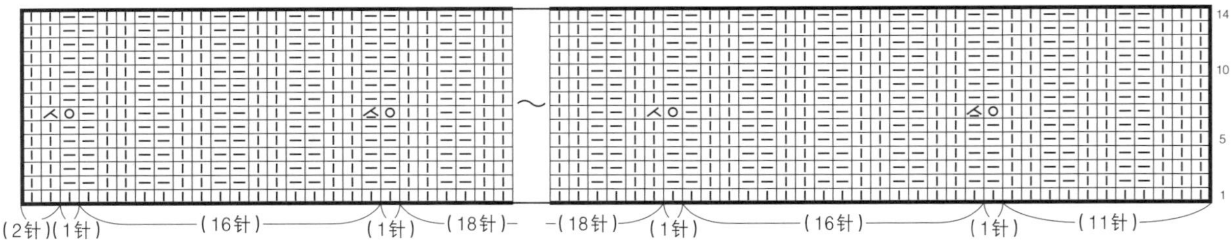

编织花样

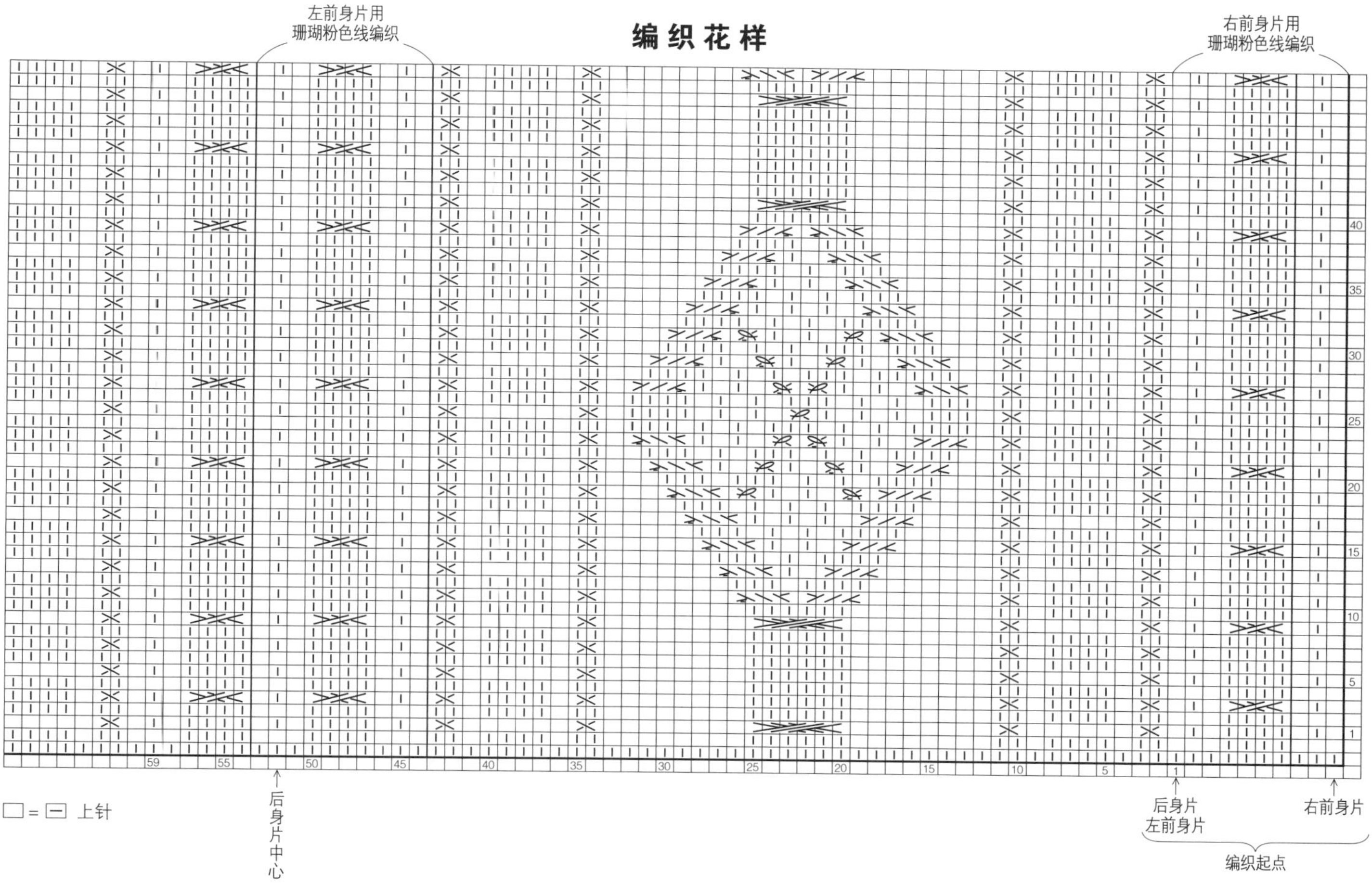

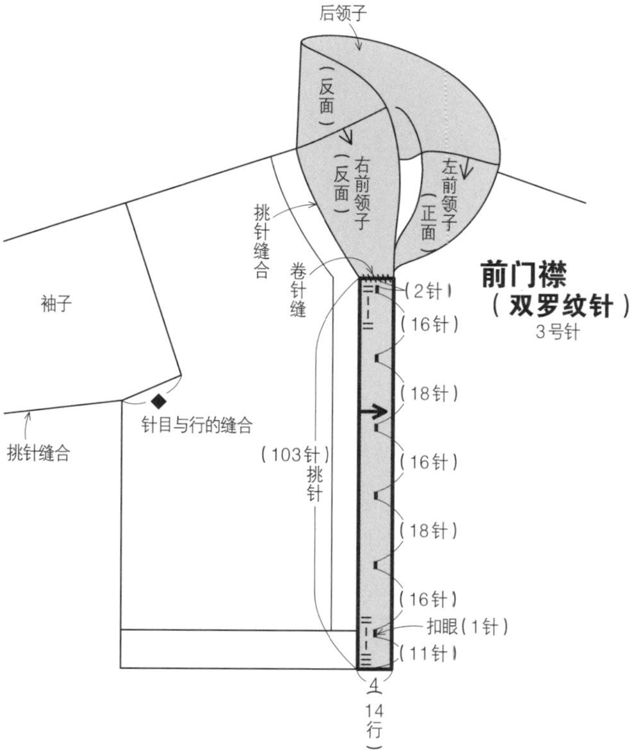

前门襟（双罗纹针）

3号针

后领子（双罗纹针）

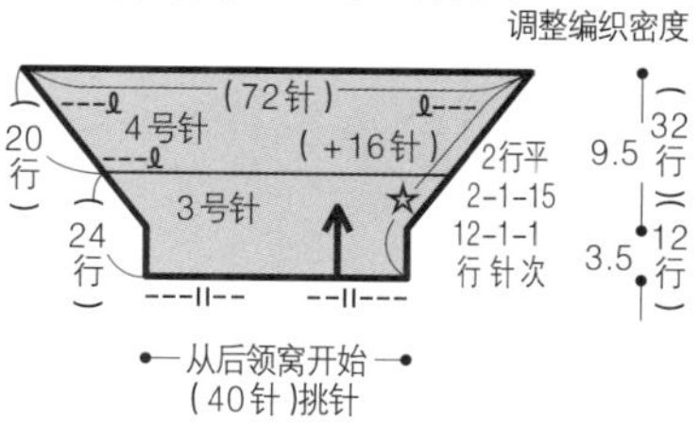

右前领子（起伏针）

3号针

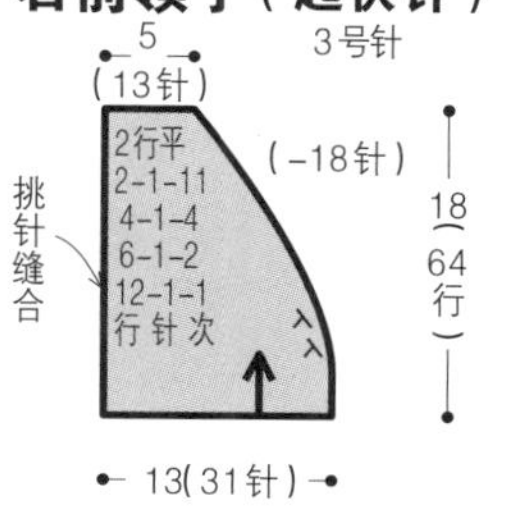

从后领子☆处挑针（织片正面朝上）
左前领子与右前领子对称编织

配色

□ = 蓝灰色系
▨ = 珊瑚粉色系

28

第 30 页

●**材料** Ski Clement（中粗）卡其色系（2309）300g/10 团、直径 1.8cm 的纽扣 6 颗

●**工具** 棒针 6 号、5 号、4 号

●**成品尺寸** 胸围 107cm 衣长 56cm 连肩袖长 46.5cm

●**编织密度** 10cm×10cm 面积内：下针编织 21 针，28 行；编织花样 A 27 针，28 行

●**编织要点** 前、后身片分别另线锁针起针，参照图示做编织花样A及下针编织。胁部在侧边1针内侧做扭针加针。袖窿的减针，立起侧边2针减针。袖子用手指挂线起针法起针，做编织花样B及下针编织，身片与袖窿的减针方法相同，袖山的中心针目两侧参照图示减针。前、后肩部盖针接合，胁部挑针缝合。下摆拆开另线锁针挑针，前、后继续编织双罗纹针。最后用罗纹针收针。胁部的6针休针及袖子的休针盖针接合，袖窿及袖下挑针缝合。边调整领子的编织密度边编织双罗纹针，最后用双罗纹针收针。前门襟也编织双罗纹针，在右前门襟留出扣眼。

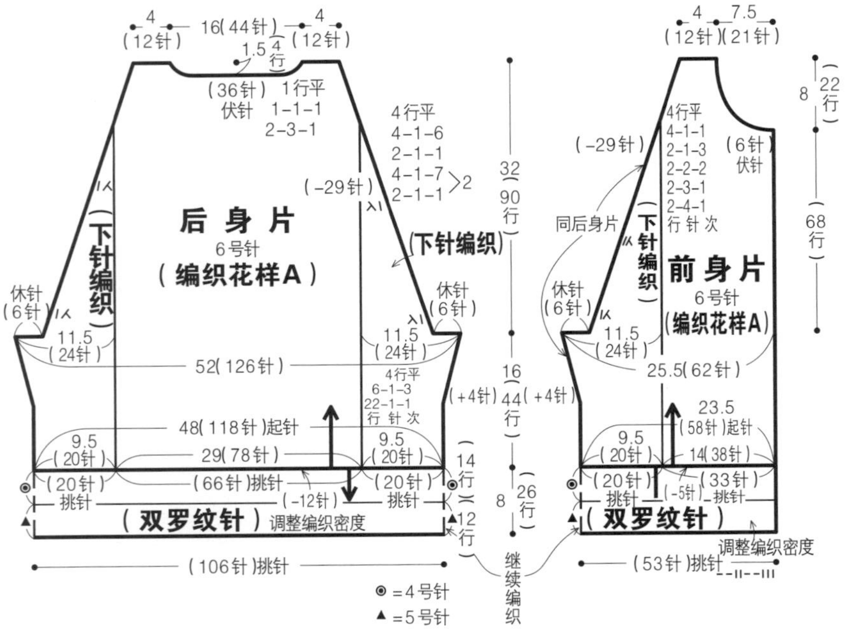

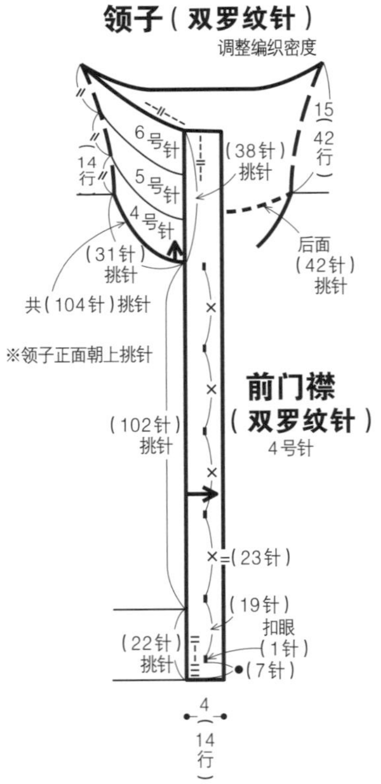

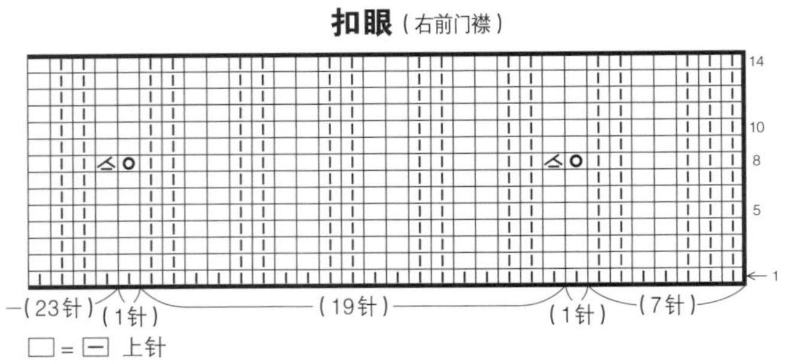

袖山的减针

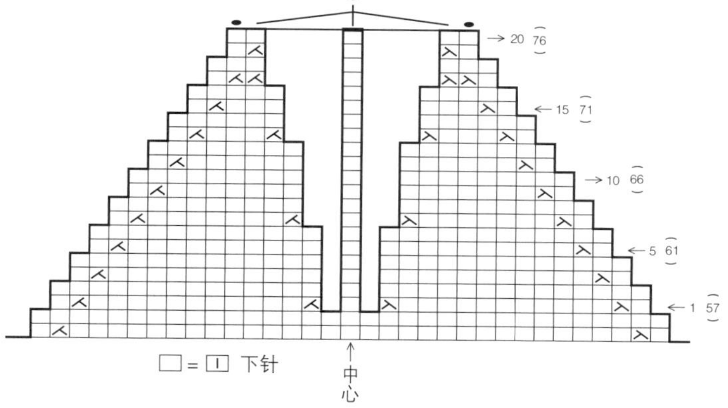

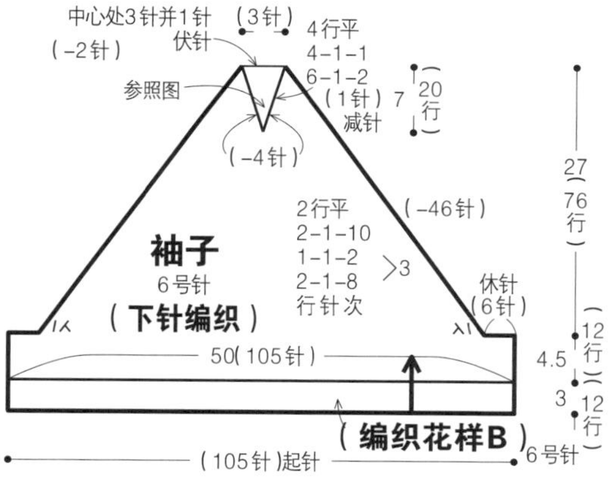

编织花样B

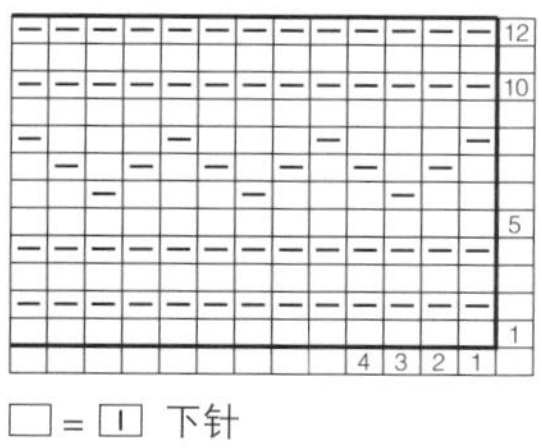

编织花样A

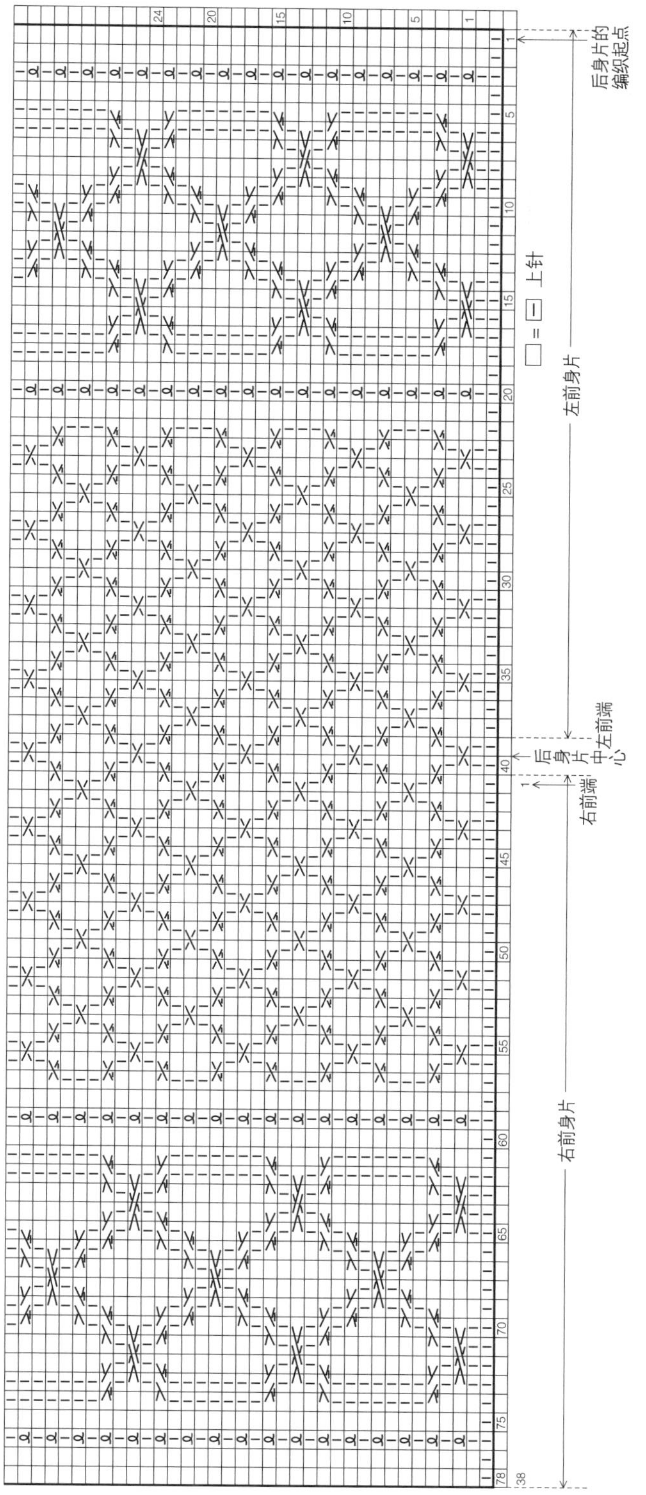

31

第 33 页

●**材料** Ski Premium Mohair（极细）黑色（120）20g/1团、Ski 风花（中细）灰色（2010）30g/1团

●**工具** 棒针 5 号 钩针 7/0 号

●**成品尺寸** 宽 26.5cm 长约 48cm

●**编织密度** 编织花样A 1个花样 2.2cm×6cm；编织花样B 10cm×10cm面积内：20针，27行

●**编织要点** 用2根Ski Premium Mohair线锁针起针连接成环，改变每行的编织方向，完成编织花样A。编织到第9行改用棒针，换Ski 风花线，将长针的针头2根线和锁针分开挑针，用挂针加针，环形编织96针编织花样B。最后，一边按照上一行编织上、下针，一边做伏针收针。无论作为帽子还是束发带使用，哪种线在上面均可。

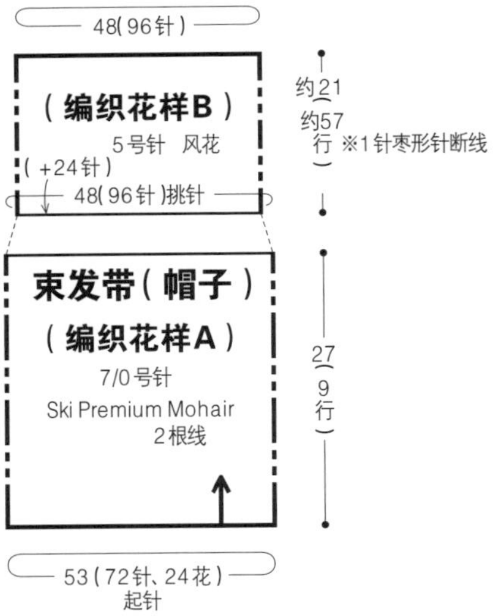

※花＝个花样

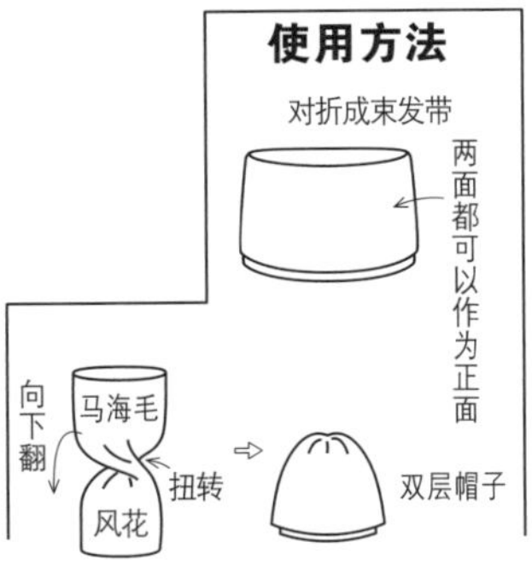

编织花样B

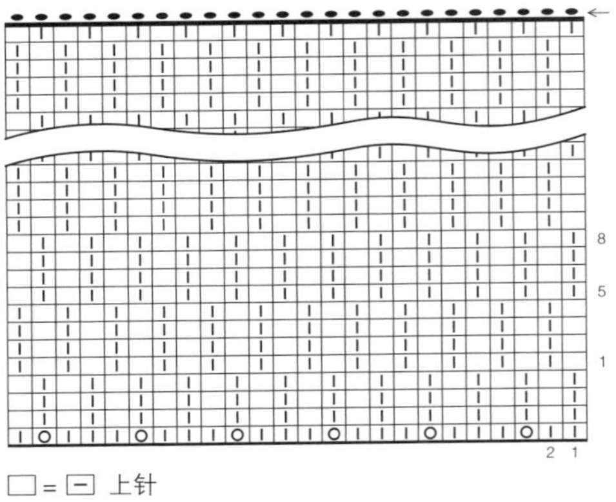

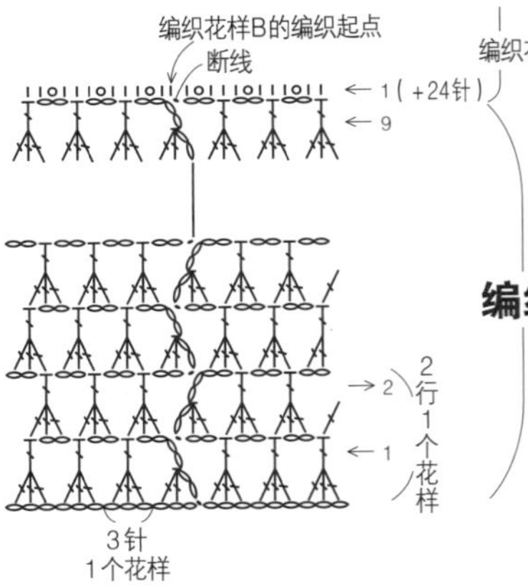

※挑上一行锁针的时候分开针目挑针

倒Y字针

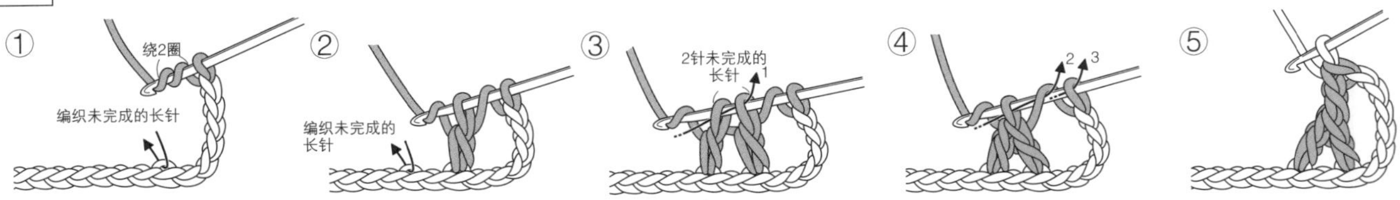

33

第 35 页

●**材料** Ski Kiraria（中粗）灰色、银色（2004）250g/9团

●**工具** 钩针5/0号

●**成品尺寸** 衣长44cm 连肩袖长54cm

●**编织密度** 10cm×10cm面积内：编织花样23针，14行

●**编织要点** 从披肩的中间起91针锁针，挑锁针的里山，做编织花样。编织花样时，无论是长针还是短针，均挑上一行的锁针链编织。然后在起针行向反面挑针，向相对的方向做编织花样。将相同标记（○、×）处引拔锁针接合，领子、前门襟和下摆继续环形编织4行边缘编织。袖口也做边缘编织。

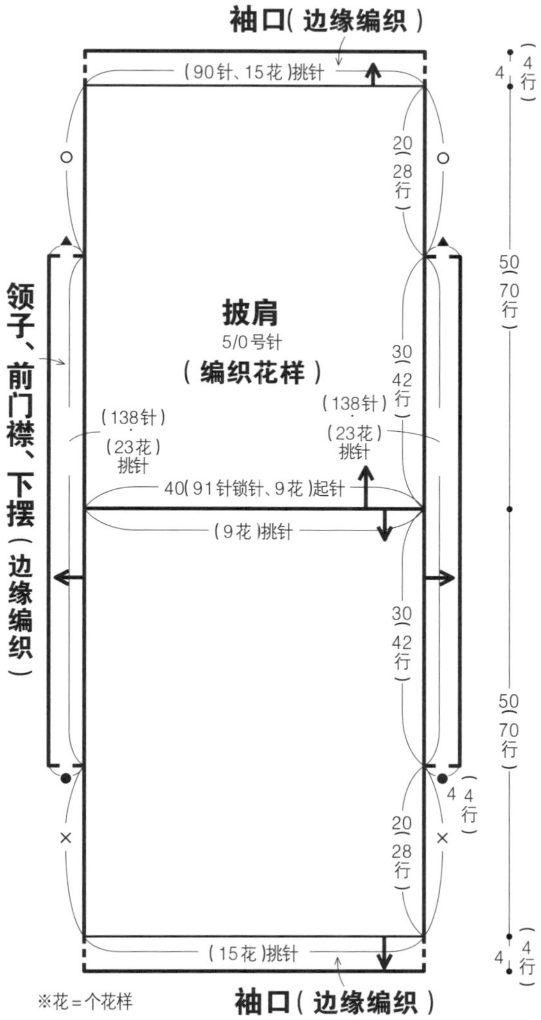

※花＝个花样

※▲和●之间分别继续编织

编织花样

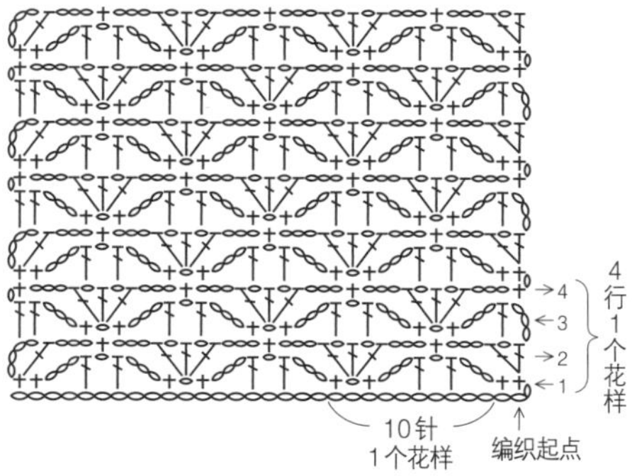

边缘编织

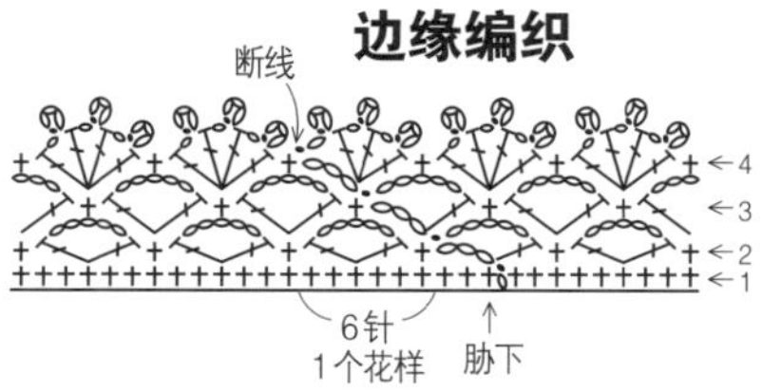

※挑针方法
从1个花样挑7针，4次
从1个花样挑6针，3次
重复编织

32

第 34 页

●材料 Ski Lyra（中粗）原白色（2701）250g/9 团

●工具 棒针 5 号 钩针 5/0 号

●成品尺寸 胸围 124cm 衣长 62cm 连肩袖长 32cm

●编织密度 10cm × 10cm 面积内：编织花样 22.5 针，24 行

●编织要点 前、后身片的形状相同，下摆分别另线锁针起针，参照图示做编织花样，左、右下摆用卷针加针，然后无加、减针编织。将前、后肩部正面对齐，盖针接合。将肋部的袖口开口处垂直部分挑针缝合。领子、下摆及袖口分别环形编织边缘编织，用指定针数的引拔针调整（不数行数），钩织 1 行条纹针的引拔针，改变方向再钩织 1 行短针的条纹针。

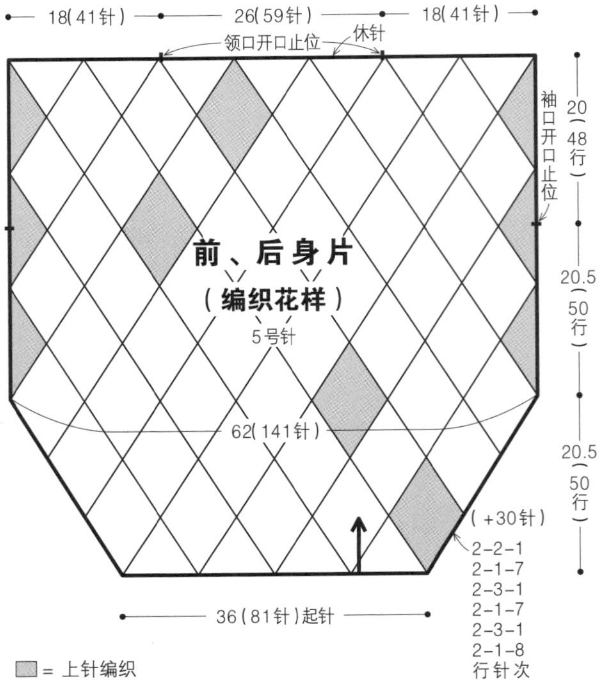

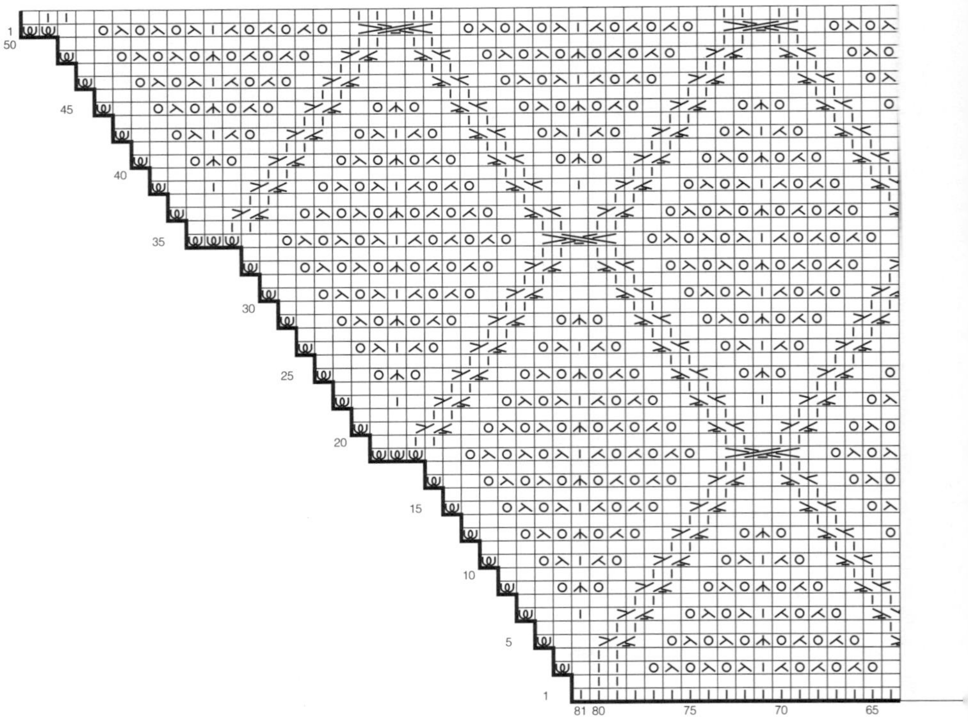

领子、下摆、袖口（边缘编织）5/0号针

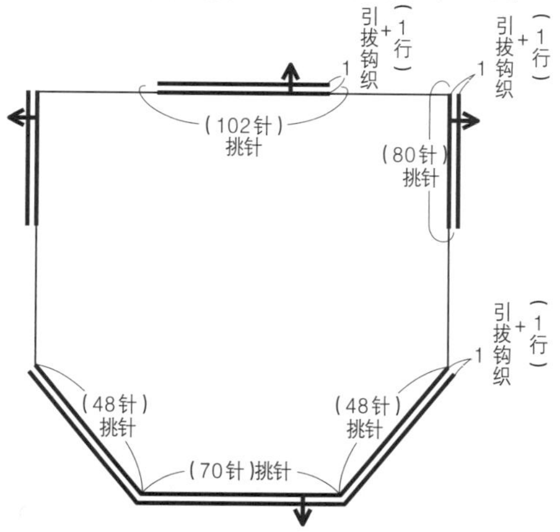

边缘编织

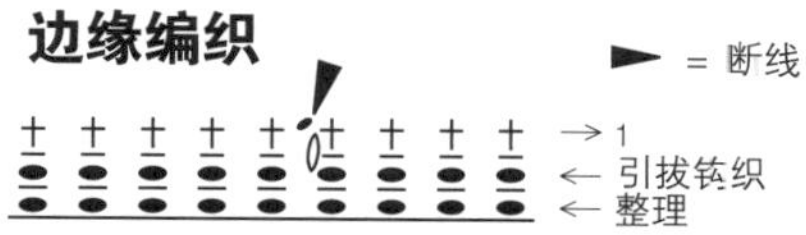

引拔钩织1行，并整理好。
第2行从短针的条纹针挑针。

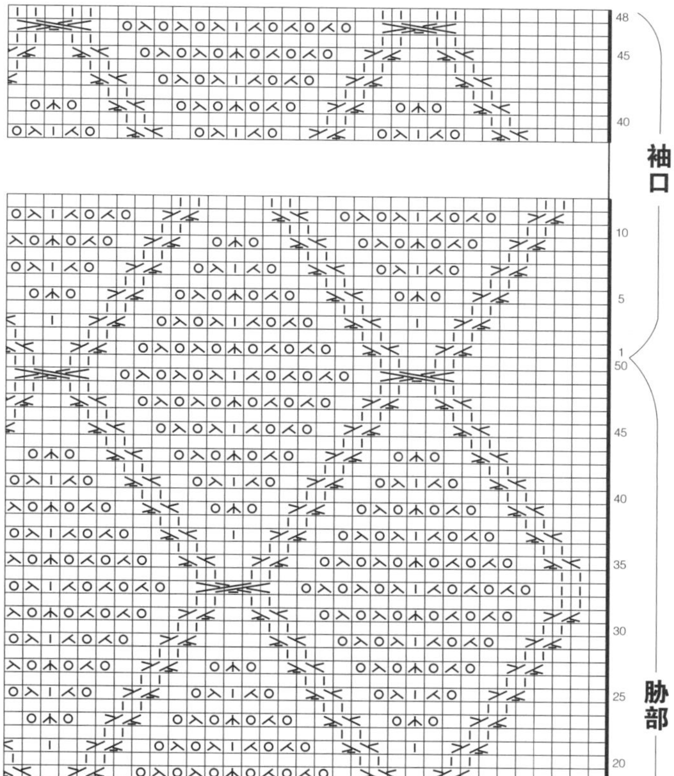

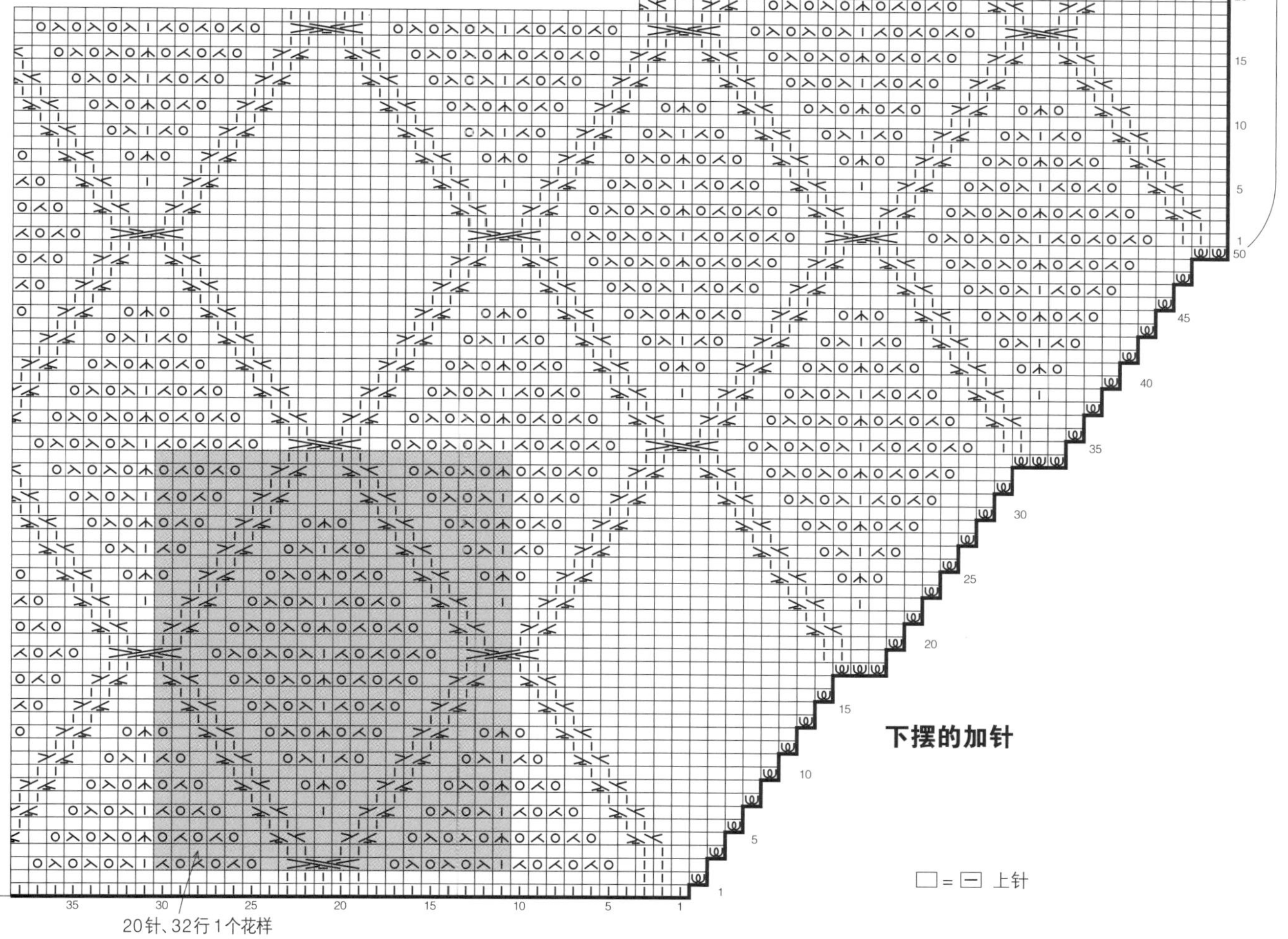

20针、32行1个花样

□ = ⊟ 上针

34a、b

第 36、37 页

●**材料** Ski Kiraria（中粗）a：黑色、金色（2207）b：白色、金色（2201）各 150g/5 团

●**工具** 钩针 6/0 号、7/0 号

●**成品尺寸** 胸围 100cm 衣长 54cm 连肩袖长 25.5cm

●**编织密度** 编织花样 1 个花样 5.5cm×7.8cm

●**编织要点** 身片锁针起针，挑锁针外侧1根及里山2根线开始编织，做编织花样。编织变化的3针中长针的枣形针时，要将线拉出足够长，做出蓬松感。斜肩部分参照图1，前领窝参照图2编织。前、后肩部锁针接合，胁部至袖口开口处用引拔锁针接合。下摆环形编织网眼针，前、后身片分别在3处加针。在领口和袖口做边缘编织。

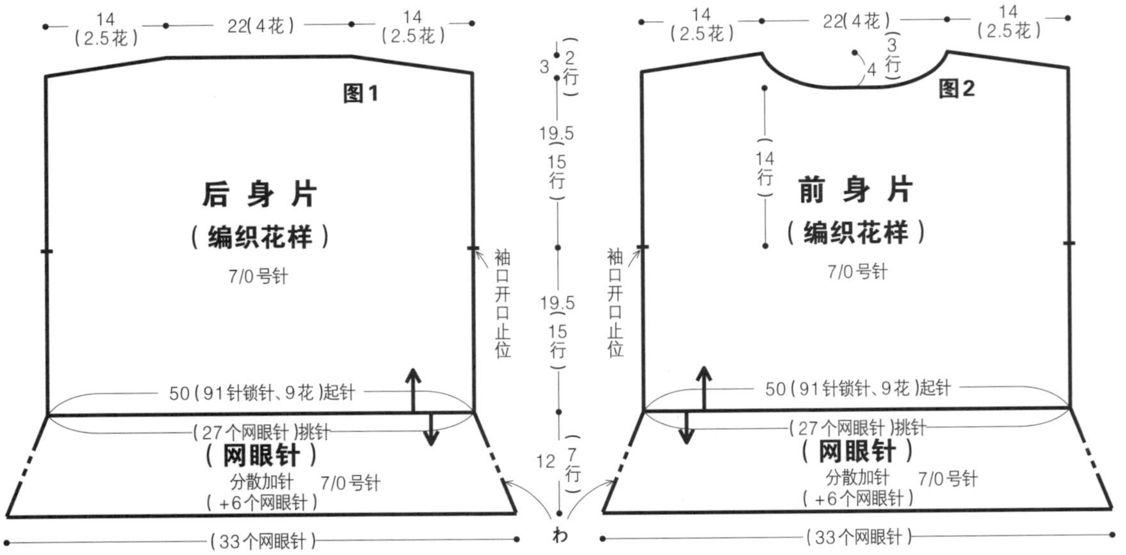

编织花样

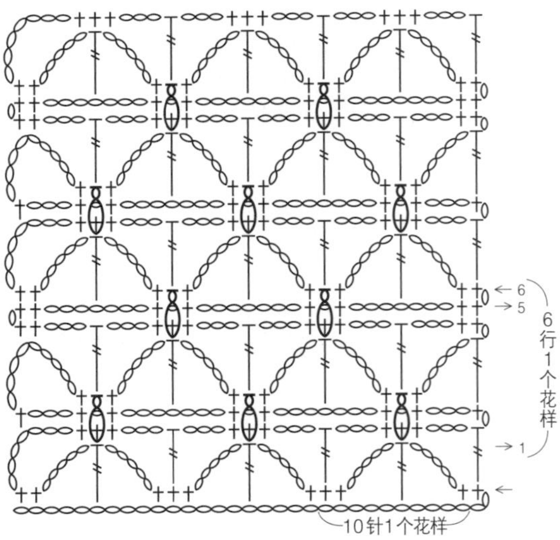

网眼针

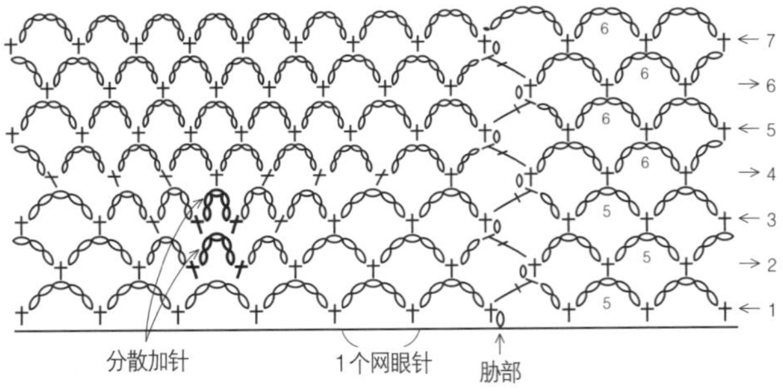

领子、袖口（边缘编织）6/0号针

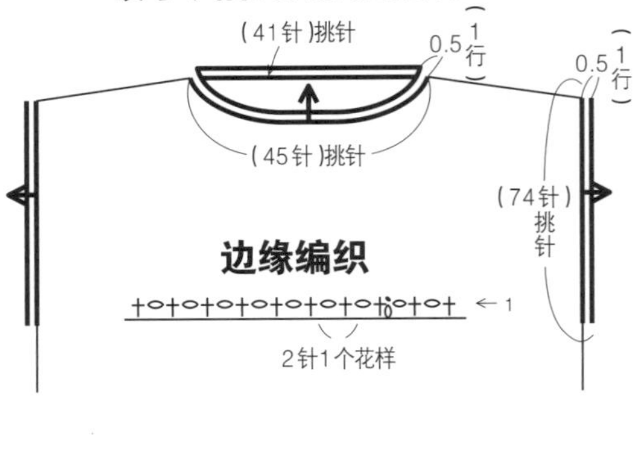

枣形针的编织方法

→变化的 3 针中长针的枣形针的编织方法见第 77 页

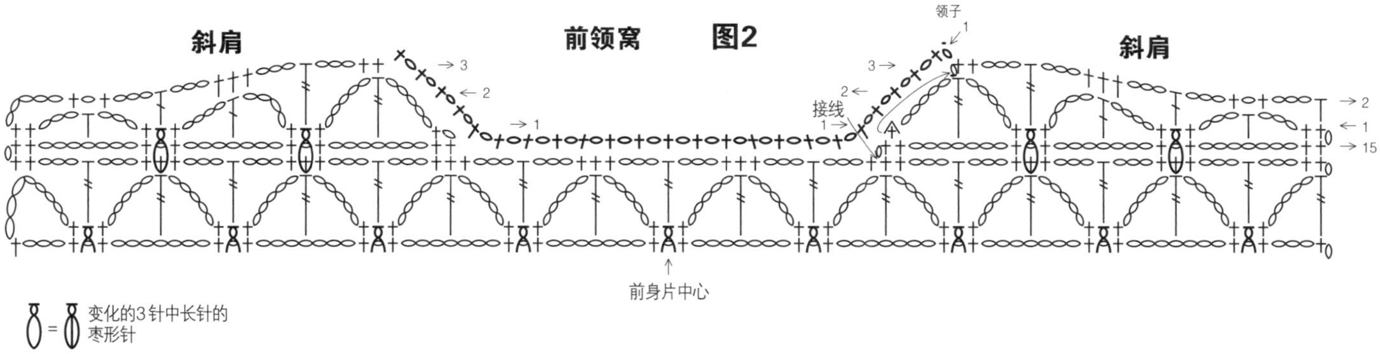

图2
斜肩
前领窝
斜肩
领子
接线
前身片中心
变化的3针中长针的枣形针

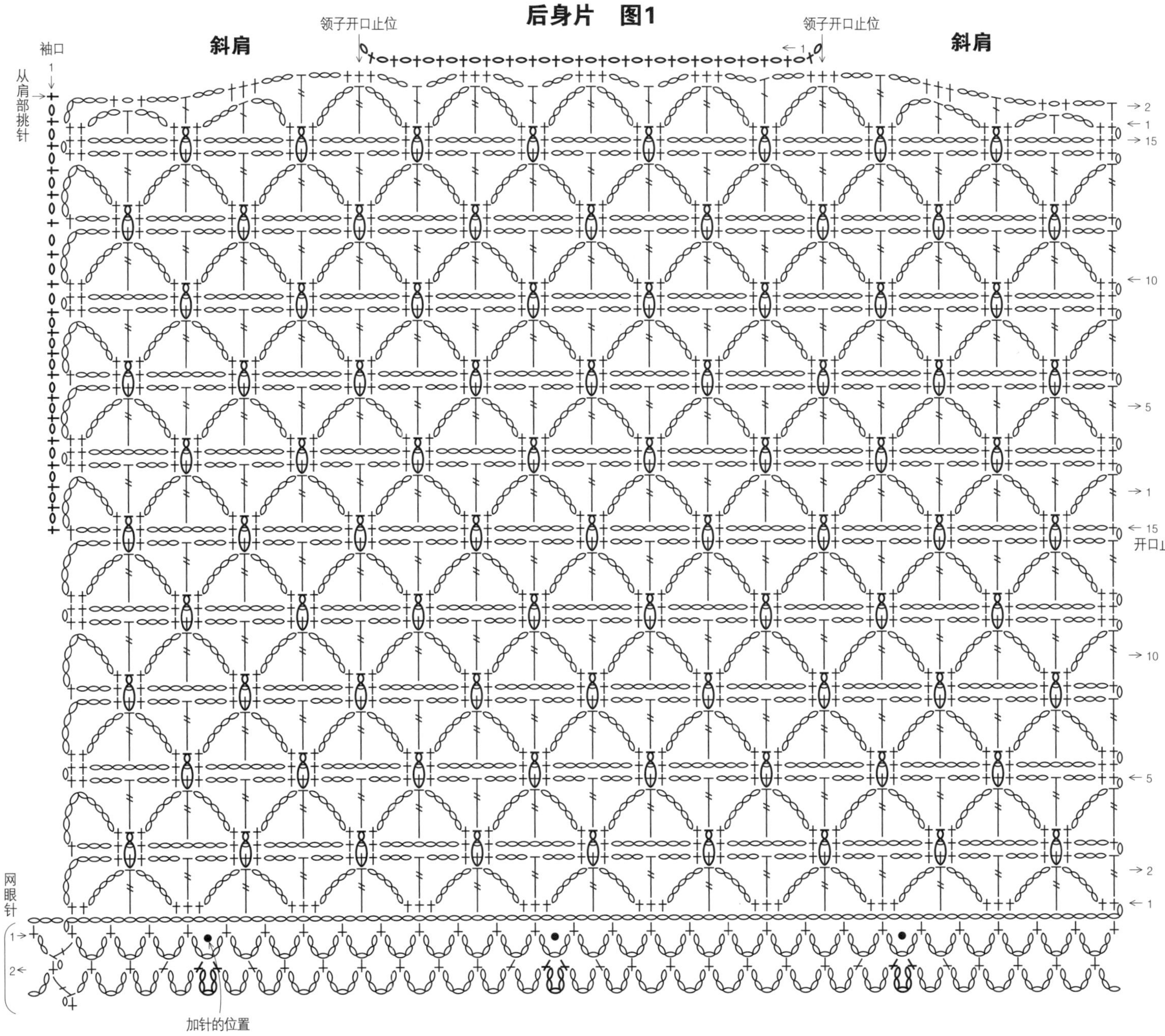

后身片　图1
领子开口止位
领子开口止位
斜肩
斜肩
袖口
从肩部挑针
开口止位
网眼针
加针的位置

35

第 38 页

●**材料** Ski Lyra（中粗）茶色（2707）320g/11团、直径3cm的纽扣 1颗

●**工具** 钩针 6/0 号

●**成品尺寸** 胸围 139cm 衣长 60cm 连肩袖长 40cm

●**编织密度** 10cm×10cm 面积内：编织花样 23 针，8.5 行

●**编织要点** 前、后身片锁针起针，无加、减针做编织花样。做编织花样的长针时，除指定位置挑锁针的半针和里山2根线外，均整段钩织。斜肩及后领窝参照图示编织，肩部用引拔锁针接合，胁部至袖口开口处用引拔锁针接合。下摆的前、后继续做边缘编织A，领子和前门襟做边缘编织B，右前门襟做出纽襻，袖口环形编织3行边缘编织B'。

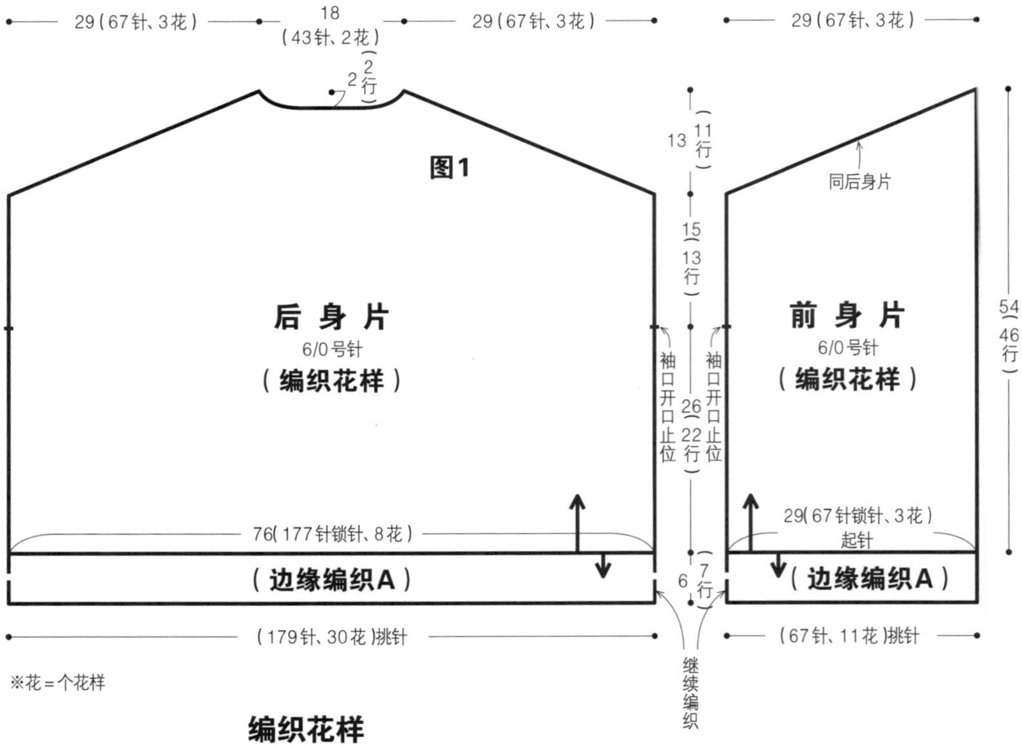

※花＝个花样

编织花样

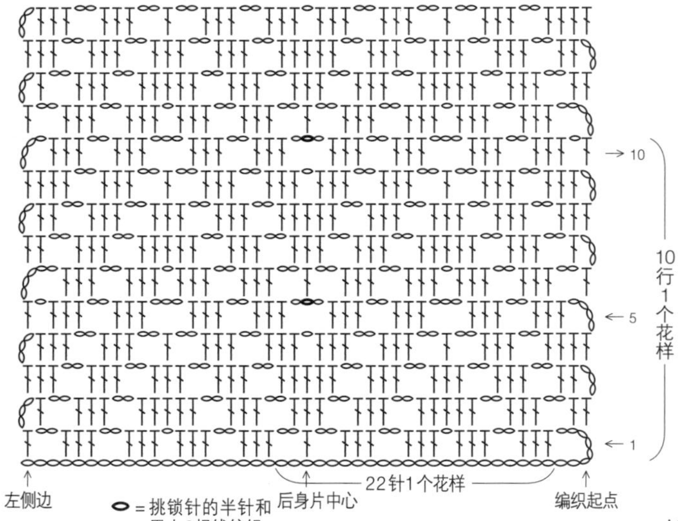

= 挑锁针的半针和里山2根线编织

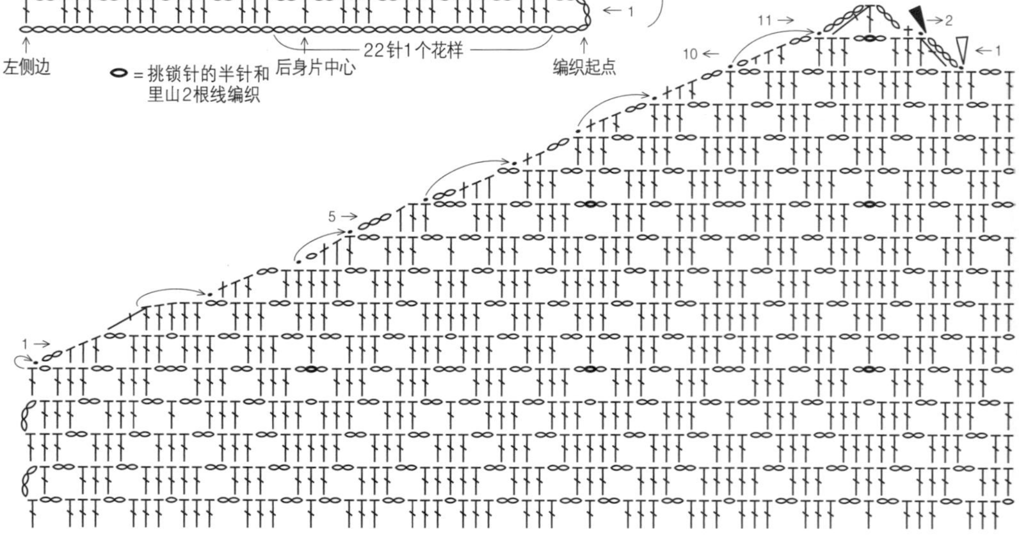

领子、前门襟（边缘编织B） 6/0号针

袖口（边缘编织B'） 6/0号针

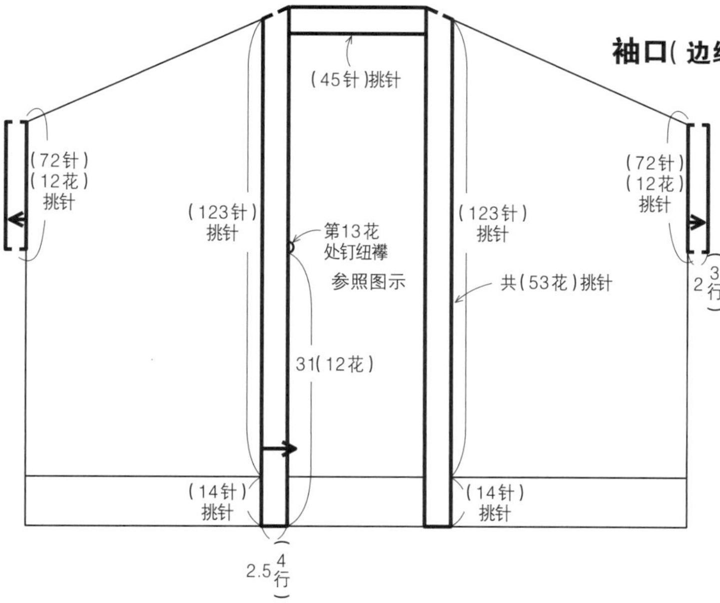

边缘编织B（领子、前门襟）

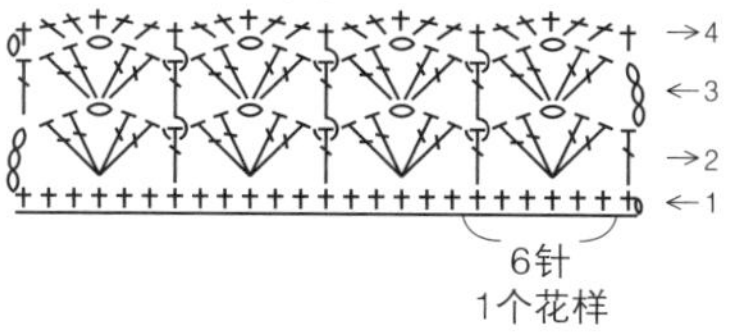

纽襻

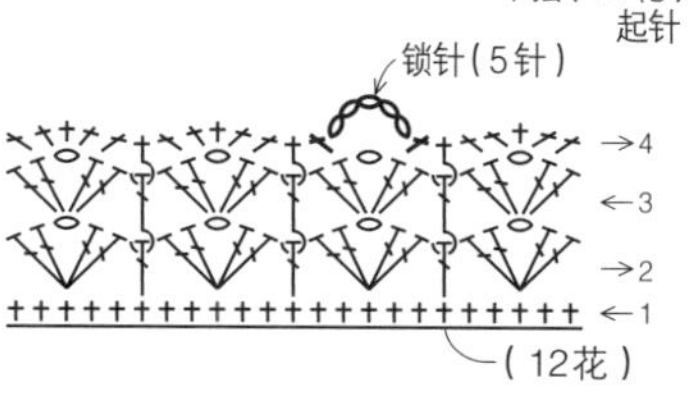

边缘编织A

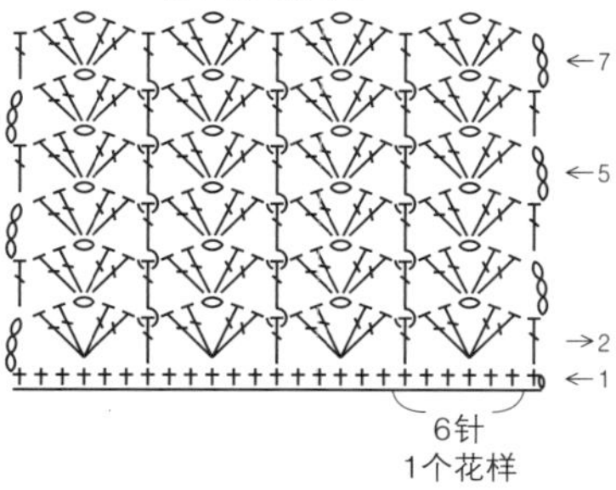

边缘编织B'（袖口）

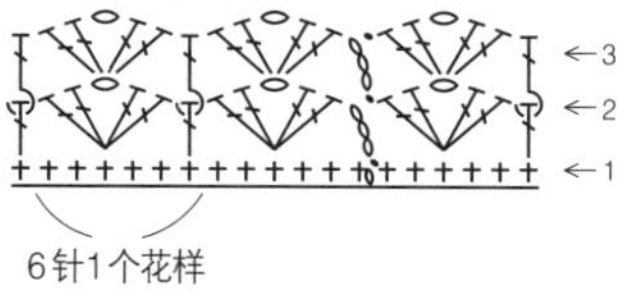

※ 花 = 个花样

图1　后领窝

▷ = 接线

◀ = 断线

斜肩

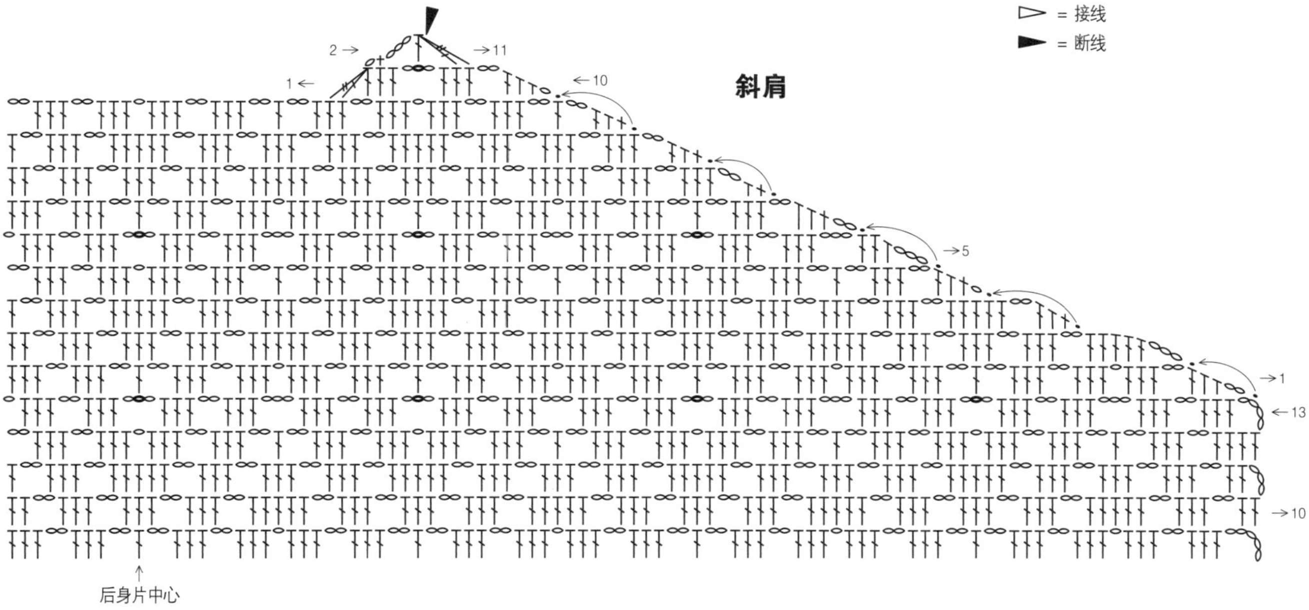

36

第 39 页

●材料 Ski 风花（中细）酒红色（2006）170g/6 团

●工具 钩针 5/0 号

●成品尺寸 衣长约 38cm 连肩袖长 43.5cm

●编织密度 花片 直径 17cm

●编织要点 花片起10针锁针，连接成环，在第1圈上立织3针锁针，环形编织11针锁针，并在锁针间钩织长针。从下一圈起，整段挑上一圈的锁针链钩织长针（第8圈的2针挑针目），参照图示编织8圈。然后按照图中织片的编号依次编织至最后一圈，并引拔连接成外搭的形状。袖口和下摆做边缘编织A，领口做边缘编织B，第1圈花片与花片之间钩织13针锁针，第2圈挑锁针外侧的半针及里山2根线钩织。

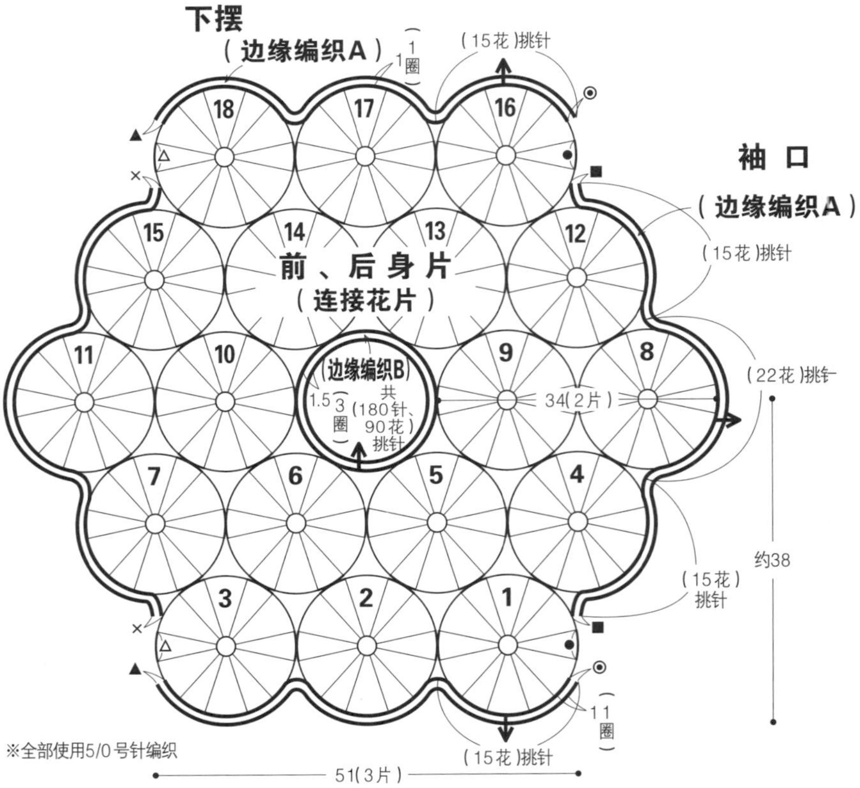

※全部使用5/0号针编织

※花＝个花样

※按照1~18的顺序编织连接

※花片●、△分别编织连接

※边缘编织◎、▲、■、×之间继续编织

→领子的编织方法见第 102 页

花片、边缘编织A（下摆、袖口）
（18片）

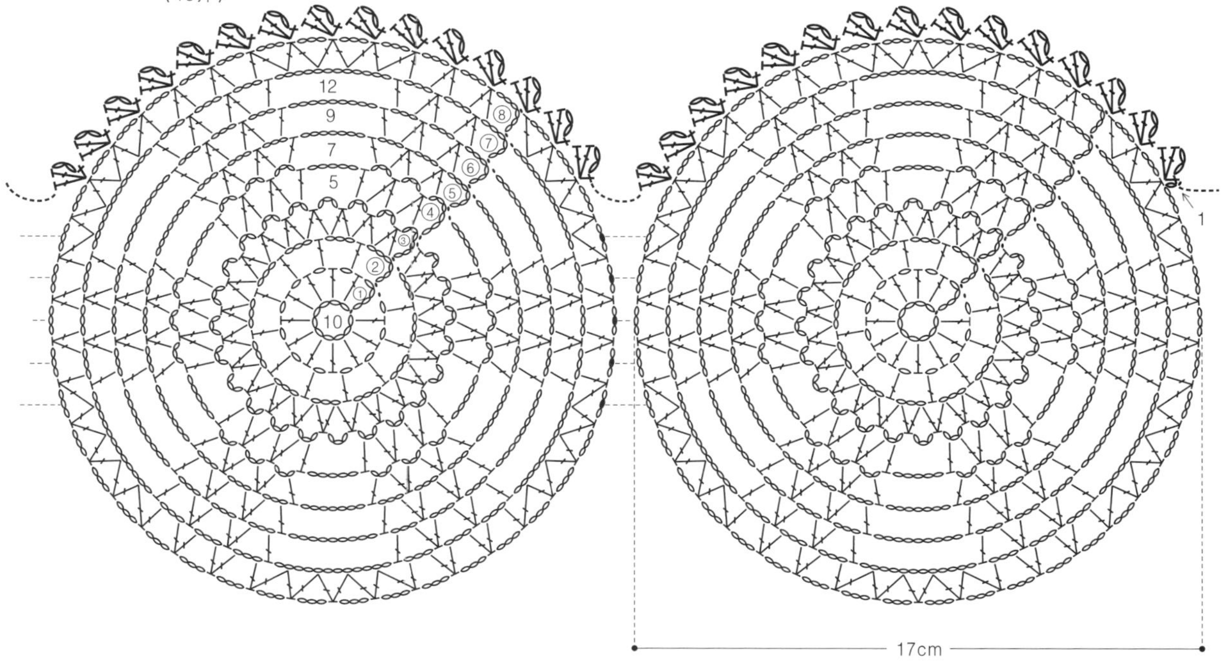

花片的连接方法

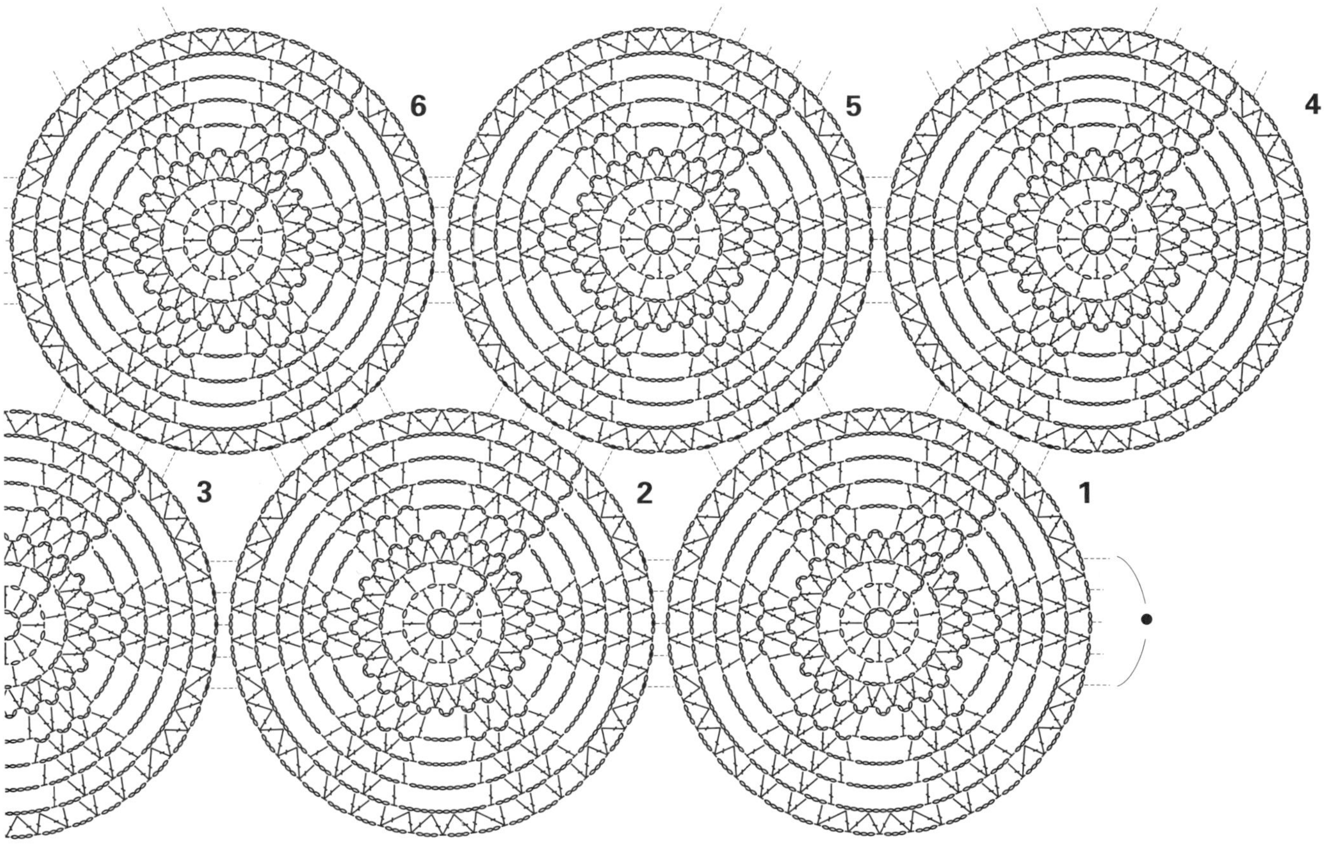

作品36　接第101页

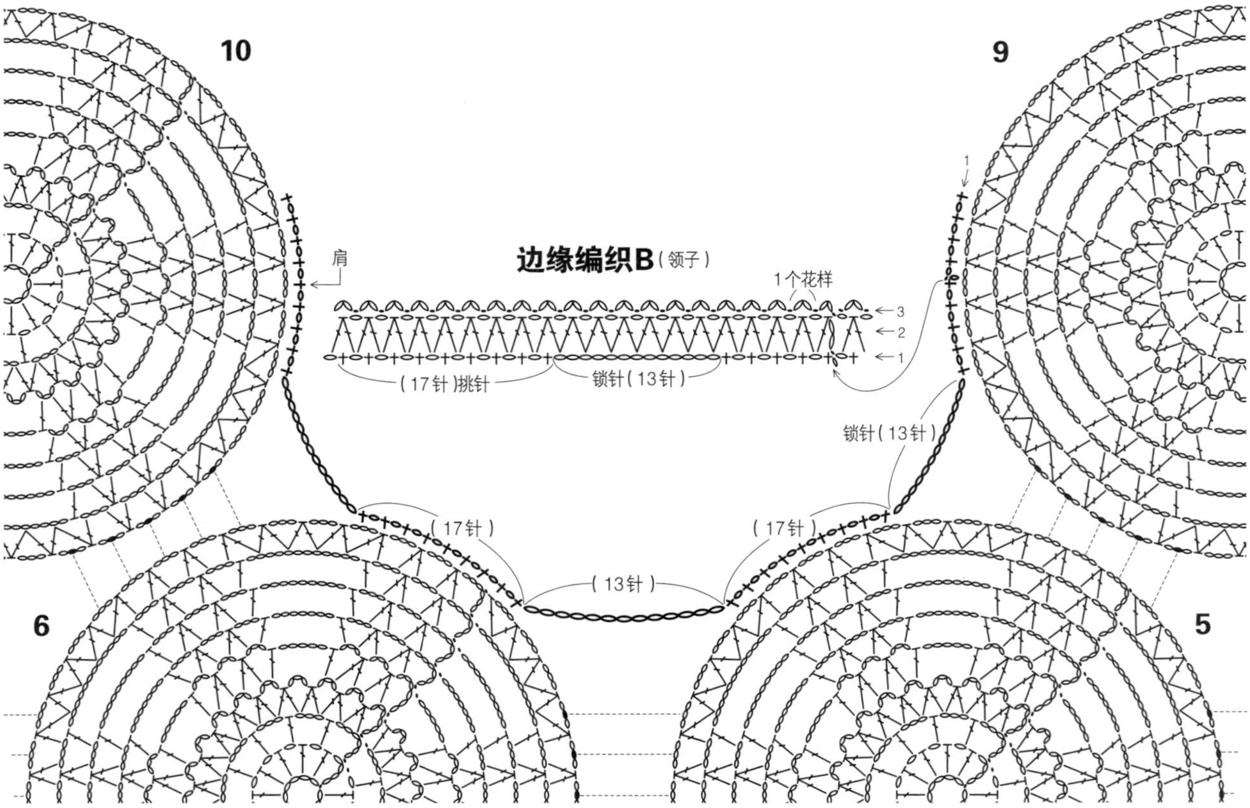

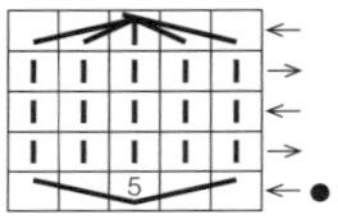

5针、5行的枣形针

从第1针起编织5针，将第5针正面朝上编织3行。
正面右上5针并1针编织。

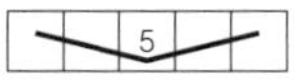

1针放5针

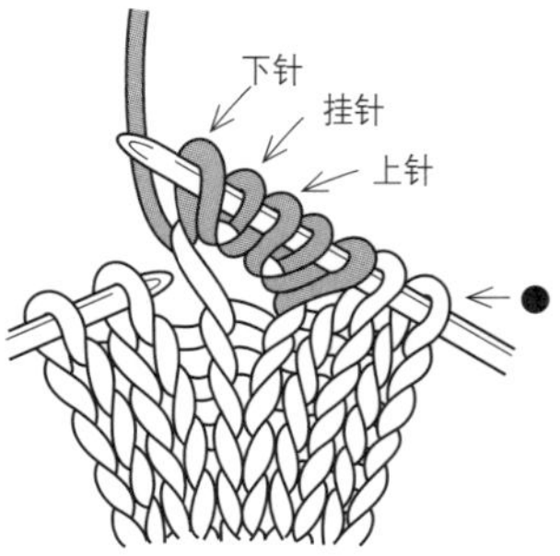

右上5针并1针

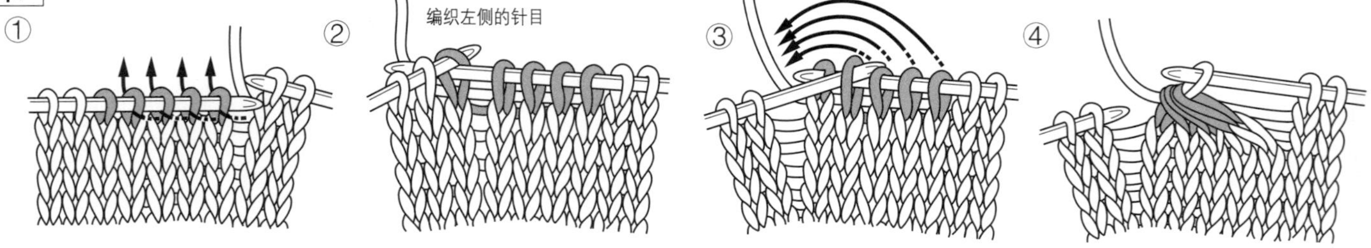

 短针的棱针

①

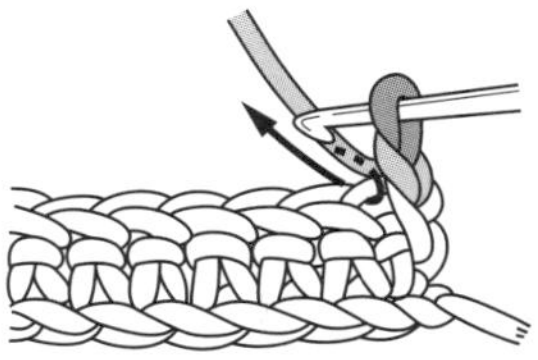

在上一行针目外侧的半针入针。

②

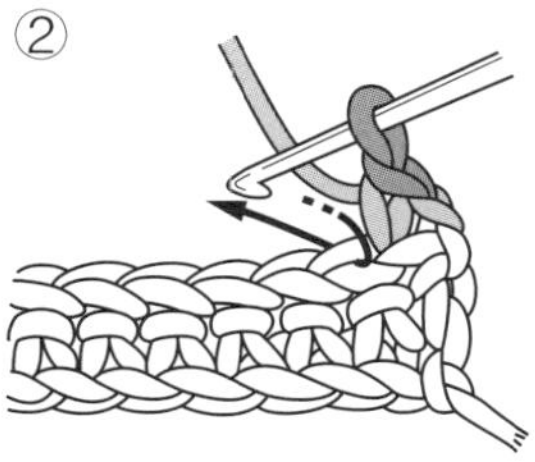

钩织短针，之后的针目都按照同样的方法钩织。

③

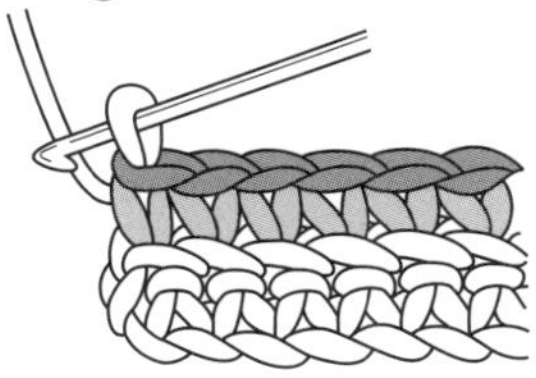

钩织到边缘时，翻转织片。

④

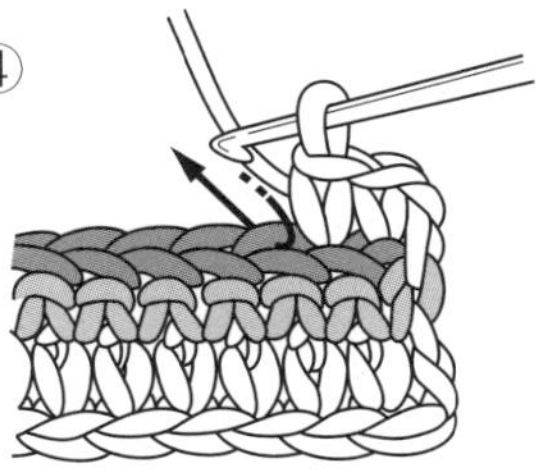

按照同样方法，将钩针插入外侧的半针中后，钩织短针。

 5针长针的爆米花针

①

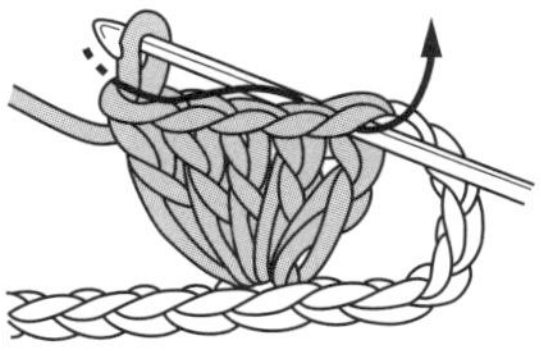

在同一针里钩入5针长针，暂时取下钩针，参照图示入针。

②

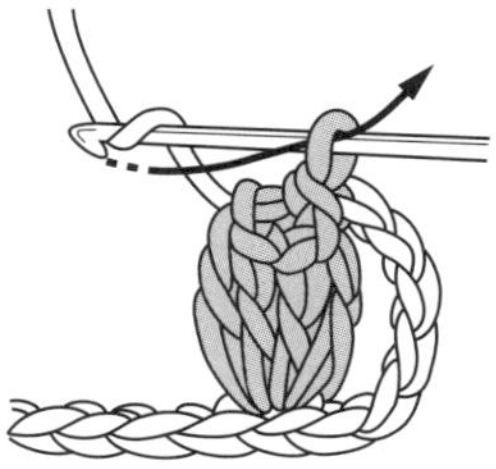

将线圈从第1针引拔出，再钩织 1 针锁针收紧。

③

图中为钩织第2个5针长针的爆米花针。

 长针的反拉针

①

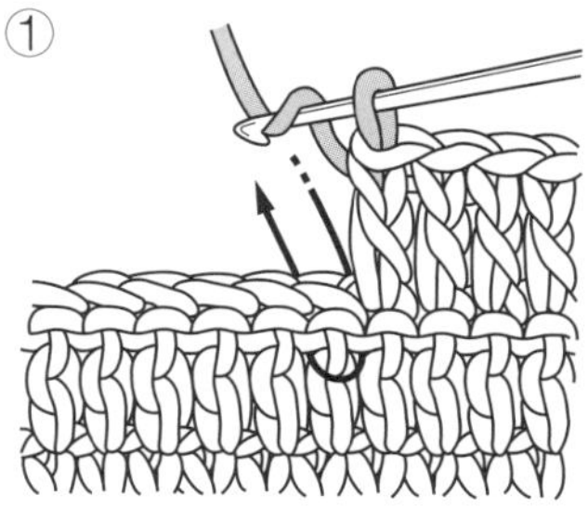

在上一行长针的根部，沿箭头方向从织片反面入针。将线拉出时拉得长一点，挂线钩织长针。

②

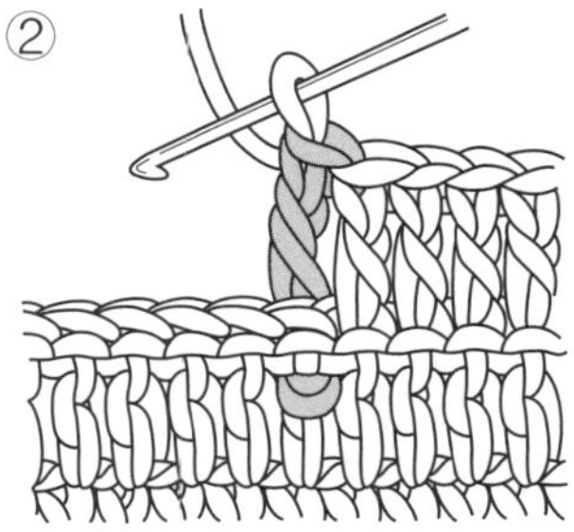

长针的反拉针完成。上一行的针目头部露在织片的正面。

 长针的正拉针

①

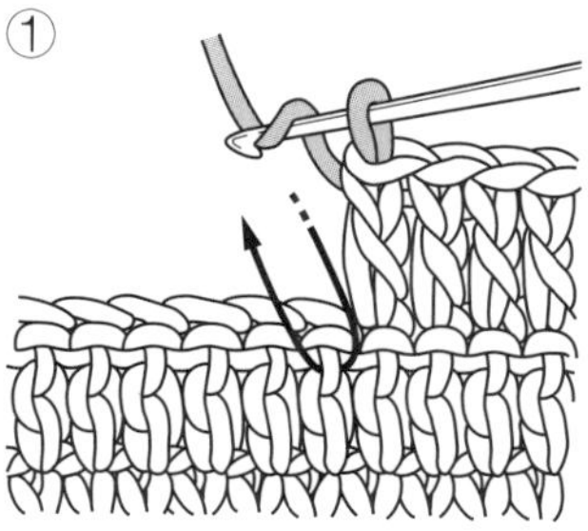

在上一行长针的根部，沿箭头方向从织片正面入针。将线拉出时拉得长一点，挂线钩织长针。

②

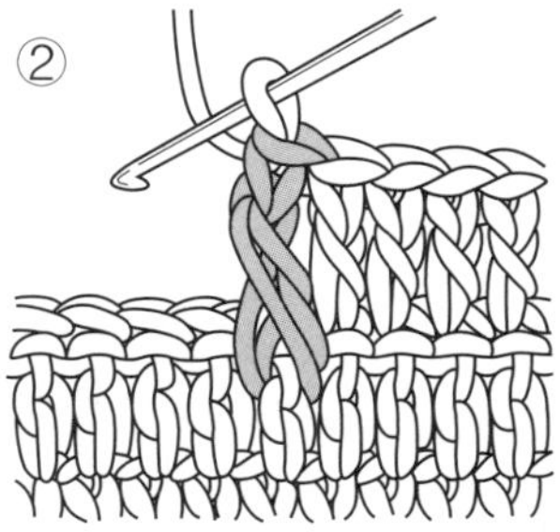

长针的正拉针完成。上一行的针目头部露在织片的反面。

Photographers: AKIKO OHSHIMA
Original Japanese edition published in Japan by NIHON VOGUE CO., LTD.,
Simplified Chinese translation rights arranged with BEIJING BAOKU INTERNATIONAL CULTURAL DEVELOPMENT Co., Ltd.

备案号：豫著许可备字－2015－A－00000493

图书在版编目（CIP）数据

美丽的秋冬手编.3，36款风格迥异的编织/日本宝库社编著；李扬译. —郑州：河南科学技术出版社，2019.1

ISBN 978-7-5349-9396-1

Ⅰ.①美… Ⅱ.①日… ②李… Ⅲ.①绒线－编织－图解 Ⅳ.①TS935.5－64

中国版本图书馆CIP数据核字（2018）第249930号

出版发行：河南科学技术出版社
地址：郑州市经五路66号　　邮编：450002
电话：（0371）65737028　65788613
网址：www.hnstp.cn
策划编辑：刘　欣
责任编辑：刘　瑞
责任校对：马晓灿
封面设计：张　伟
责任印制：张艳芳
印　　刷：北京盛通印刷股份有限公司
经　　销：全国新华书店
开　　本：889 mm×1194 mm　1/16　印张：6.5　字数：170千字
版　　次：2019年1月第1版　2019年1月第1次印刷
定　　价：49.00元